Der Turmfalke ist neben dem Mäusebussard der häufigste Greifvogel Mitteleuropas

GU Naturführer

Greifvögel und Eulen

Greifvögel, Eulen und Käuze Europas bestimmen, kennenlernen, schützen

Jürgen Nicolai

175 Naturfarbfotos bekannter Tierfotografen
29 Zeichnungen von György Jankovics, Hermann Kacher, Gertrud Thomas

GU GRÄFE UND UNZER

Inhalt

Junger Schwarzmilan

Greifvögel und Eulen kennenlernen

Greifvögel und Eulen erleben

◀ Foto Umschlagvorderseite: Fischadler
◀ Foto Seite 2/3: Mönchsgeier schützt sein Junges (in der Horstmulde liegend) mit ausgebreiteten Flügeln vor der Sonne, die für unbefiederte Nestlinge tödlich sein kann.

Greifvögel und Eulen bestimmen

Greifvögel und Eulen schützen

Ein Wort zuvor

Greifvögel und Eulen faszinieren vor allem durch ihre erstaunlichen Flugkünste und ihre vielfältigen Jagdstrategien. So verschieden wie die Nahrung sind auch die Jagdmethoden: Suchflug in hoher Luft, Patroullieren in Bodennähe, Sturzjagd vom Anstand aus oder Parforcejagd im freien Luftraum.
Dieser neue GU Naturführer zeigt die europäischen Greifvögel in einer großen Zahl von Flugaufnahmen, von denen viele in dieser fotografischen Qualität bisher nicht zu sehen waren.
Der Steckbriefteil (Seite 44-142) stellt alle europäischen Greifvögel und Eulen vor. Ausgezeichnete Naturfarbfotos zeigen die Vögel nicht nur in ihrem Habitus, sondern auch in ihrem Flugbild, so daß sie sowohl im Flug als auch in sitzender Haltung eindeutig bestimmt werden können.
Leicht verständliche Steckbrieftexte beschreiben wichtige Erkennungsmerkmale und die typischen Flugbilder, sowie Unterschiede zu ähnlichen Arten, aber auch Lebensraum und Verbreitung, Nahrung, Stimme, Brut und Verhalten.
Der bewährte GU Kennfarben-Code teilt die Vögel in drei Gruppen „Greife", „Falken" und „Eulen" ein und macht das Bestimmen auch für den Ungeübten leichter.
Dieser GU Naturführer ist aber mehr als nur ein Bestimmungsbuch. Im Kapitel „Greifvögel und Eulen erleben" beschreibt der Autor die Sorge um den Nachwuchs, die verschiedenen Jagdmethoden und Flugweisen und erstaunliche Leistungen von Greifvögeln auf Wanderschaft.
Im Ratgeberteil „Greifvögel und Eulen schützen" erfahren Sie, was getan wird, um bedrohten Greifvögeln und Eulen zu helfen, und was Sie selbst tun können. Hier finden Sie praktische Tips zum Bau und Anbringen von Nisthilfen und für die Winterfütterung.
Viel Freude beim Erkennen, Erleben und Bestimmen von Greifvögeln und Eulen wünschen der Autor und die GU Naturbuch-Redaktion.

Ein Habichtweibchen im Jugendkleid hat eine Elster geschlagen und beginnt, sie zu rupfen

Greifvögel und Eulen kennenlernen

Greifvögel und Eulen leben von der Jagd. Das hat ihnen in vielen Kulturen der Menschheit Bewunderung, ja schwärmerische Verehrung eingetragen. Der Steinadler, Symbol für Mut und Stärke, ist als Motiv der Heraldik weiter verbreitet als sein lebendes Gegenstück in der Natur. Eulen galten im Altertum als Sinnbilder der Weisheit. Aber der Mensch hat diese Vögel auch zu allen Zeiten als Jagd- und Nahrungskonkurrenten, die sich an seinem Eigentum vergriffen, gehaßt und gnadenlos verfolgt. Wie sind Greifvögel und Eulen wirklich? Welche Rolle spielen sie im Haushalt der Natur? Wie leben und jagen sie, und wie sind sie für diese Tätigkeit ausgerüstet? Wie meistern sie Tag für Tag aufs Neue ihren individuellen Kampf ums Überleben? Diese und andere Fragen werden in den folgenden Kapiteln behandelt und erläutert.

Greifvögel und Eulen

Früher wurden die Greifvögel und die Eulen unter dem Oberbegriff „Raubvögel“ zusammengefaßt und in Tag- (Greifvögel) und Nachtraubvögel (Eulen) unterteilt. Die Angehörigen beider Gruppen haben sich – bis auf einige wenige Ausnahmen – auf das Erjagen und Töten lebender Beutetiere spezialisiert.

Obwohl Greifvögel und Eulen nicht miteinander verwandt sind, haben sie doch zwei auffällige körperliche Merkmale gemeinsam:

- den scharfen, hakenartig gekrümmten Schnabel zum Zerreißen der Beute und
- kräftige, mit spitzen Krallen versehene Zehen, mit denen die Beute ergriffen und festgehalten werden kann.

Was sind Greifvögel?

Kaum eine andere Vogelgruppe ist durch ihr Äußeres so eindeutig gekennzeichnet, wie die Greifvögel. Der krumme Schnabel mit der nach unten gebogenen Reißhakenspitze und die mit scharfen, stark gebogenen Krallen ausgerüsteten Fänge sind so auffallend, daß Greifvögel kaum jemals mit anderen Vogelgruppen verwechselt werden. Ihre ganze körperliche Ausrüstung ist auf die Jagd nach anderen Lebewesen abgestimmt. Das Greifen und Festhalten der Beute mit den Fängen hat ihnen ihren deutschen Namen „Greifvögel“ eingetragen.

Greifvögel sind Tagjäger, mit Ausnahme des tropischen Fledermausaars *(Machaeramphus alcinus)*, der in fortgeschrittener Abenddämmerung in rasantem Verfolgungsflug Fledermäuse jagt, die er gleich in der Luft verschlingt. In nur einer knappen Stunde, vom Ausschwärmen der Fledermäuse bis zur völligen Dunkelheit, bei der auch er nicht mehr jagen kann, muß der Vogel seinen gesamten Nahrungsbedarf für 24 Stunden decken.

Neben den ausgesprochenen Fleischfressern, den Säugetier- und Vogeljägern, für die der krumme Schnabel und die Greiffüße ursprünglich entwickelt wurden, gibt es Greifvögel, die auch andere Nahrungsquellen nutzen oder sich im Laufe ihrer Stammesgeschichte sogar darauf spezialisiert haben. Der Fischadler lebt von Fischen, der Wespenbussard ist von den Larven von Wespen und Hummeln abhängig, der Schlangenadler frißt hauptsächlich Schlangen und andere Reptilien, der in Südamerika vor-

Zum Bild: Der Steinadler ist seit Jahrhunderten ein beliebtes Motiv der Heraldik und gilt als Sinnbild von Mut und Stärke. Der kühne Ausdruck der Adlergesichts kommt vor allem durch die von Knochenleisten stark überdachten Augen zustande.

Wiesenweihe im Anflug auf eine ihrer Sitzwarten

Zum Bild: Im Bremsmanöver sind bei dieser landenden Wiesenweihe Schwanz und Daumenfittiche maximal gespreizt.

kommende Schneckenweih *(Rostrhamus)* hat sich auf eine ganz bestimmte Sumpfschneckenart spezialisiert und Geier sind im wesentlichen Aasfresser. Eine einzige Greifvogelart ist fast reiner Vegetarier: der afrikanische Palmengeier *(Gypophierax angolensis).* Er lebt vom Fruchtfleisch der Nüsse der Öl- und Raphiapalme. Nur gelegentlich verzehrt er auch tote Fische, Krebse und Weichtiere, die er an der Meeresküste aufsammelt.

Greifvögel besitzen einen Kropf, in dem sie Nahrung speichern können, das heißt, sie können auf Vorrat fressen und so ein großes Beutetier viel besser ausnutzen. Sie vermeiden es jedoch nach Möglichkeit, unverdauliche Teile ihrer Beute mit zu verzehren. Sie rupfen die Beute sorgfältig und reißen dann das Fleisch in kleinen Brocken aus der Muskulatur. Unverdauliche Beuteteile wie Fell, Haare, Horn oder Chitinteile werden in Form von Speiballen (Gewölle) von Zeit zu Zeit wieder ausgewürgt.

Fortpflanzung

Greifvögel legen ihre Nester (Horste) je nach Art und Lebensraum auf dem Boden, auf Bäumen oder Felsen an. Im Unterschied zu den Greifen bauen die Falken keine eigenen Nester, sondern benützen andere Greifvogel-, Krähen- oder Reihernester, legen ihre Eier auf nacktem Fels ab oder nisten in Baum- oder Felshöhlen. Große Greifvogelarten werden erst im Alter von mehreren Jahren geschlechtsreif, ihr Gelege besteht meist nur aus einem Ei, kleinere Arten sind oft schon im ersten Lebensjahr geschlechtsreif und haben größere Gelege.

Die Entwicklungszeit der Jungvögel dauert recht lang, bei großen Arten wie den Adlern und Geiern oft 3-4 Monate. Im Unterschied zu den Eulen beteiligen sich bei den Greifvögeln die Männchen meist auch am Brutgeschäft und lösen ihre Weibchen – zumindest zeitweise – auf dem Gelege ab. Die Weibchen brüten und betreuen die Jungen, während die Männchen Nahrung für das Weibchen und die Jungen beschaffen. Die Beute wird dann dem Weibchen übergeben, das sie teilt und an die Jungen verfüttert. Wenn die Jungen groß genug sind und die gebrachte Beute selbständig zerlegen können, fliegt auch das Weibchen zur Nahrungssuche aus.
Die Jungen sind Nesthocker. Sie kommen mit offenen Augen zur Welt und sind in ein dichtes Dunenkleid gehüllt. Schon nach kurzer Zeit wird das erste Dunenkleid gegen ein zweites ausgetauscht, das später unter dem sich entwickelnden Gefieder stehenbleibt. Jungvögel, die noch im Nest sitzen, nennt man Nestlinge, Jungvögel, die den Horst verlassen haben, werden Ästlinge genannt.

Greife und Falken

Greife und Falken unterscheiden sich neben vielen anderen Eigenschaften auch in der Art und Weise, wie sie ihre Beute töten. Greife sind Grifftöter, die ihr Opfer mit den Fängen töten. Falken sind Bißtöter, die ihre Beutetiere mit dem Schnabel töten.

- Grifftöter

Die Greife fassen die flüchtende Beute nicht nur mit den Fängen, sondern töten sie auch damit. Wenn zum Beispiel ein Habicht eine Taube gefangen hat, machen seine Fänge intensiv knetende Bewegungen. Dabei dringen die dolchartigen Krallen von Hinter- und Innenzehe tief in den Körper des Beutetieres ein und bringen ihm an Herz, Lunge und anderen inneren Organen tödliche Verletzungen bei. Das Opfer stirbt bei dieser Behandlung schnell an inneren Blutungen. Der Schnabel dient nur als Reißhaken (Reißhaken-Schneideschnabel) und tritt erst in Aktion, wenn die Beute schon tot ist. Mit ihm rupft der Jäger seine Beute sorgfältig und schneidet dann das Muskelfleisch aus dem Körper.

- Bißtöter

Ganz anders sieht der Tötungsvorgang bei den Falken aus: Die Fänge dienen hier nur zum Festhalten (Binden) der Beute. Bei den Vogeljägern unter ihnen, wie Wander- und Baumfalke, sind die Zehen, vor allem die Mittelzehe, sehr lang und schmal. Sie sollen einen möglichst großen Teil des Körpers der Beute umspannen und so das Opfer sicher festhalten. Ist das Opfer so „fest im Griff“, beugt sich der Falke zu ihm herab und zerbeißt mit dem Schnabel die Wirbelsäule unmittelbar hinter der Kopfkapsel, so daß der Tod augenblicklich eintritt. Für diese Aufgabe ist der Schnabel mit scharfkantigen Schneiden und einer Ausbuchtung der oberen Schnabelschneide, dem sogenannten Falkenzahn, ausgerüstet.
Die Fänge der Falken sind als „Griffhalter“ ausgebildet, den Schnabel bezeichnet man als „Reißhaken-Beißschnabel“.

Was sind Eulen?

Eulen sind in der Hauptsache Dämmerungs- und Nachttiere. Einige Eulen haben sich jedoch von der rein nächtlichen Lebensweise losgesagt. Vor allem die hochnordischen Arten wie Bartkauz, Schnee- und Sperbereule sind gezwungen, im Langtag des arktischen Sommers auch tagsüber zu jagen. Von den einheimischen Eulen gehen die Sumpfohreule und der auf Kleinvogeljagd spezialisierte Sperlingskauz auch tagsüber auf Beutefang.
Wie die Greifvögel besitzen auch die Eulen einen gekrümmten, scharfen Schnabel und scharfe, spitze Zehen. Die

Turmfalken-Weibchen mit Beute

Außenzehe ist nach rückwärts wendbar, so daß die Vögel Äste umklammern können und einen besseren Halt haben.
Eulen ernähren sich in der Regel von lebenden Beutetieren, wie Vögeln, Säugetieren und Insekten, die sie mit ihren dolchartigen Fängen festhalten und mit einem Schnabelbiß töten. Eulen besitzen keinen Kropf wie die Greifvögel, sie können daher bei einer Mahlzeit nur soviel von ihrer Beute verzehren, wie ihr Magen aufnehmen kann. Daher deponieren sie den Rest ihrer Beute an einem sicheren Ort. Eulen verschlingen kleinere Beutetiere im Ganzen und würgen nach einiger Zeit die unverdaulichen Teile, wie Haare, Federn, Nägel, Zähne und Knochen in Form von Speiballen (Gewöllen) wieder aus. Die Gewölle von Eulen enthalten, im Unterschied zu Greifvogelgewöllen, noch die Knochen der Beutetiere.

Zum Bild: Mit einer Maus im linken Fang hat dieses Turmfalken-Weibchen Schwierigkeiten, auf dem dünnen Ästchen das Gleichgewicht zu halten.

Fortpflanzung
Eulen bauen, mit Ausnahme der Sumpfohreule, keine Nester. Sie nisten entweder in alten Nestern anderer Vogelarten oder in Baum- oder Felshöhlen. Die Eier werden in eine Mulde auf zusammengekratztem Holzmulm oder zerkauten Ge-

Sumpfohreule mit Jungen

Zum Bild: Das Brutgeschäft sowie das Hudern und Füttern der Nestlinge ist bei den Eulen Aufgabe des Weibchens. Hier wärmt eine Sumpfohreule ihre noch unbefiederten Jungen.

wöllen abgelegt. Das Weibchen legt im Abstand von zwei bis mehreren Tagen mehrere rundliche, weiße Eier und beginnt nach dem ersten oder zweiten Ei mit dem Brüten. Bei allen Eulen ist das Brüten alleinige Aufgabe des Weibchens. Das Männchen ist nur für die Nahrungsbeschaffung zuständig.

Die Jungen kommen mit geschlossenen Augen und Ohren zur Welt. Sie ertasten die Nahrung, die ihnen das Weibchen in kleinen Stücken zureicht. Ihr dünnes, weißes Dunenkleid wird nach kurzer Zeit durch ein Zwischenkleid ersetzt, das aus Federn von duniger Struktur gebildet wird. Kurz nach dem Flüggewerden wird das Wollkleid dann gegen das erste richtige Federkleid vertauscht.

Da die Eier in Abständen gelegt, aber vom ersten oder zweiten Ei an bebrütet werden, sind die Jungen eines Geleges unterschiedlich alt und groß. Bei Nahrungsknappheit überleben nur die größten und ältesten Jungen. Die kleineren und schwächeren Geschwister können sich beim Füttern nicht durchsetzen und verhungern oder werden sogar selbst verfüttert.

Jäger bei Nacht

Eulen sind in ihrem Körperbau, den Sinnesleistungen und ihrem Verhalten hervorragend an ihre nächtliche Lebensweise angepaßt.

- Sehen bei Nacht

Eulen besitzen große, parallel nach vorn gerichtete Augen, die in teleskopartigen, nach vorne verengten Knochenröhren

sitzen und daher fast unbeweglich sind. Durch diese Augenstellung besitzen sie ein ungewöhnlich gutes räumliches Sehen, das ihnen bei der richtigen Einschätzung der Entfernungen bei der Jagd sehr hilfreich ist, allerdings ist dadurch ihr Blickfeld recht klein, und sie müssen, um seitlich oder hinter ihnen liegende Gegenstände betrachten zu können, den Kopf drehen. Das allerdings können sie besser als alle anderen Vögel – sie können ihren Kopf bis zu 270 ° drehen.
Die Zahl der lichtempfindlichen Zellen (Stäbchen) auf der Netzhaut ist bei den Eulen zudem weitaus größer als bei tagaktiven Vögeln. Die Dämmerungsleistung des Auges ist dadurch um ein Vielfaches stärker.
Die unterschiedlichen Augenfarben, die wir bei Eulen finden (orangerot, gelb oder dunkel), haben – was oft angenommen wird – mit der Sehtüchtigkeit oder der Lichtempfindlichkeit des Auges nichts zu tun.

- Hören bei Nacht
Fast noch erstaunlicher als das Auge ist das Gehör der Eulen an ihre nächtliche Jagdweise angepaßt. Die Ohröffnungen sitzen bei den rein nächtlich jagenden Arten asymmetrisch am Kopf, die eine höher als die andere. Durch diese Asymmetrie treffen die Schallwellen von einer Geräuschquelle an einem der Ohren um drei Hunderttausendstel Sekunden früher ein als am anderen. Diese minimale Zeitdifferenz genügt der Eule, die Position der raschelnden Beute auf ein Grad genau zu lokalisieren. Selbst in stockdunkler Nacht, wenn sie nichts mehr sehen kann, kann eine Eule allein mit dem Gehör noch erfolgreich jagen.
Die oft großen Gesichtsschleier dienen als Schalltrichter. Sie sind verstellbar und können dem Ohr die eintreffenden Schallwellen zuleiten.

- Geräuschloses Gefieder
Auch das weiche Gefieder der Eulen ist eine Anpassung an ihre nächtliche Jagd. Um ihre Beutetiere nicht vorzeitig zu warnen und die eigene akustische Ortung nicht zu stören, ist der Flug bei den rein nächtlich jagenden Arten nahezu geräuschlos. Ein dichtes Samtpolster auf der Oberseite der Schwingen und die kammartige Zähnelung der Kanten der beiden äußersten Handschwingen verwirbeln den Luftstrom und verschlucken Fluggeräusche.

Zum Bild: Die äußerste Handschwinge einer Schleiereule zeigt an der Kante der Außenfahne die kammartige Zähnelung, die verhindert, daß Fluggeräusche entstehen. Bei einem nächtlich jagenden Vogel hängt der Jagderfolg ganz wesentlich von der lautlosen Annäherung an die Beute ab.

Diese Wiesenweihe fixiert einäugig eine Bewegung am Boden unter sich

Greifvögel und Eulen erleben

Wenn auf vogelkundlichen Wanderungen eine Rohrweihe ihren Gaukelflug über der Schilfwildnis eines Feuchtgebietes demonstriert, wenn ein Trupp Wespenbussarde hoch am Himmel vorüberzieht oder ein Turmfalke vor aller Augen eine Maus erbeutet, wird das für die Teilnehmer stets zu einem Höhepunkt der Exkursion. Warum vermitteln Greifvögel durch ihr bloßes Erscheinen ein solch besonderes Erlebnis? Singvögel wohnen in vielen Arten in unserer unmittelbaren Nachbarschaft. Greifvögel und Eulen dagegen sind nicht nur viel seltener, sie entziehen sich einer eingehenden Beobachtung auch durch ihre Aktivitätszeiten (Eulen) oder durch die Unzugänglichkeit ihrer Lebensräume. Wer Greifvögel oder Eulen über zufällige Begegnungen hinaus erleben will, muß viel Zeit und Ausdauer investieren. Der Lohn der Mühe aber können Erlebnisse sein, wie sie in den folgenden Kapiteln in einer kleinen Auswahl geschildert werden.

Die Sorge um den Nachwuchs

Greifvögel und Eulen sind Nesthocker. Sie kommen in einem Entwicklungsstadium zur Welt, in dem sie vollständig auf die Betreuung durch die Altvögel angewiesen sind. Durch Arbeitsteilung und einen präzisen Zeitplan für die Zuständigkeiten jedes Elternteils ist die Aufzucht der Jungen perfekt organisiert.

Lange Brutdauer

Greifvögel müssen ungewöhnlich lange auf ihren Eiern brüten. Der kleine Sperber hat mir rund 34 Tagen eine um sechs Tage längere Brutdauer als die Graugans, die nur 28 Tage benötigt. Der Habicht brütet mit 35-41 Tagen so lange oder sogar noch etwas länger als der riesige Höckerschwan (34-38 Tage). Der Schlangenadler braucht 45 Tage, um sein einziges Ei auszubrüten – drei Tage länger als der größte heute lebende Vogel, der afrikanische Strauß (42 Tage). Warum diese Vögel eine solch lange Entwicklungszeit im Ei brauchen, ist nicht bekannt,.

Auch Eulen brüten lange auf ihren Eiern. Der winzige Sperlingskauz, mit 60-75 g im Gewicht eines Stars, braucht 28 Tage – 15 Tage länger als der Star und ebenso lange wie die Graugans –, um seine Eier auszubrüten. Die Schleiereule sitzt 30, der zweieinhalb Kilogramm schwere Uhu 35 Tage auf dem Gelege. An die Brutdauer-Spitzenwerte der Greifvögel reichen die Eulen aber nicht heran.

Arbeitsteilung

Die Hauptlast beim Brutgeschäft ruht auf dem Weibchen. Über 90 Prozent der täglichen Brutleistung vollbringt sie. Die Männchen vieler Greifvögel lösen zwar – meist über Mittag – ihre Partnerin kurz ab und setzen sich auf die Eier, während sie die mitgebrachte Beute außerhalb des Nestes verzehrt und sich auch durch Putzen, Flügelstrecken und kurze Flüge vom eintönigen Brutgeschäft erholt. Sobald das Weibchen wieder am Horst erscheint, muß er den Platz räumen. Oft hatten die Beobachter an Habichtshorsten dabei den Eindruck, daß die Männchen gerne noch etwas weitergebrütet hätten, aber dem meist unsanften Druck der Partnerin weichen mußten.

Bei einigen Greifvogelarten, wie den Weihen und dem Sperber, und bei allen Eulen brüten nur die Weibchen. Die Männchen bringen Beute, setzen sich aber nicht auf das Gelege.

Getrennte Pflichten

Die Arbeitsteilung der Geschlechter ist beim Sperber besonders ausgeprägt, ja starr. Sobald das Weibchen das zweite Ei gelegt hat, setzt bei ihm die Mauser ein. Es verliert beiderseits die erste (innerste) Handschwinge, der schon bald die benachbarte zweite folgt. Der Wechsel der Schwingen geht schneller als beim nichtbrütenden Männchen vor sich. In der Flügelfläche entstehen große Lücken, die die Flugfähigkeit sehr stark beeinträchtigen. Sie geht daher von diesem Zeitpunkt ab nicht mehr auf die Jagd, sondern läßt sich vom kleineren Männchen, dem sogenannten Terzel, mit Nahrung versorgen. Er bringt Beute zu einem bestimmten, vom Nest aus einsehbaren Rupfplatz und lockt das Weibchen mit kickernden Rufen vom Gelege. Manchmal präsentiert er ihr fertig gerupfte Vögel; meist aber muß sie die Beute selbst rupfen und dazu für einige Zeit vom Gelege fernbleiben. In dieser Zeit bleibt das Gelege unbedeckt. Beim nahe verwandten Habicht setzt sich in

Getrennte Pflichten

Ein Rötelfalkenpaar bei der Kopula (Paarung)

diesen Brutpausen das Männchen auf das Gelege und hält die Eier warm. Das Sperber-Männchen aber brütet grundsätzlich nicht.
Mit dem Schlüpfen der Jungen beginnt für den Sperber-Vater eine anstrengende Zeit: Er muß nun nicht nur für das Weibchen, sondern auch noch für die von Tag zu Tag mehr Nahrung heischenden Sprößlinge Beute heranschaffen. Nach wie vor legt er die Beute am Rupfplatz ab und informiert das Weibchen durch seine kickernden Rufe.
Zur Zeit des stärksten Wachstums brauchen die Nestlinge zwischen 60 und 80 Gramm Vogelbeute pro Kopf und Tag. Das sind drei bis vier Vögel von Buchfinkengröße. Bei einer Vierer-Brut muß der Terzel also tagtäglich 12-16 Kleinvögel erbeuten und zum Horst tragen, nur um den Bedarf der Jungen zu decken. Dazu kommt noch der Bedarf für das Weibchen und sein eigener – zusammen nochmals etwa fünf Buchfinken oder drei Grünlinge.
Die Mutter holt sich die Beute, zerlegt sie am Horst und verfüttert sie in kleinen Bröckchen an den Nachwuchs. Die ganze Familie ist somit von der Effektivität des Vaters abhängig. Kommt er um, solange die Jungen klein sind, ist ihr Schicksal besiegelt. Erst wenn die Nestlinge vier Wochen alt sind, erlaubt der Mauserzustand es dem Weibchen, wieder auf die Jagd zu gehen und das Männchen bei der Nahrungsbeschaffung zu unterstützen.
Was aber geschieht, wenn die Mutter umkommt? Ist das System der Arbeitsteilung flexibel genug, um Ausfälle zu

Zum Bild: Bei der Kopula läßt das Rötelfalken-Weibchen ein zitternd ansteigendes Lahnen hören, infantile Laute wie das Betteln der Jungen.

Junge Sperber

Zum Bild: Schon im Horst sind beim Sperber die Geschlechter verschieden groß. Obwohl es eine gute Woche jünger ist als seine vier Brüder zeigt das einzige Weibchen (Mitte) deutlich diesen Unterschied.

kompensieren? Kann ein Partner die Pflichten des anderen übernehmen? Er kann es normalerweise nicht. Verunglückt die Mutter, solange die Jungen klein sind, kann der Vater sie weder wärmen noch ihnen die Nahrung zerteilen. Diese Leistungen sind in seinem Verhaltensprogramm nicht vorgesehen. Da er aber nach wie vor Beute heranschleppt und am Rupfplatz deponiert, verhungern die Kleinen bei vollem Vorratslager. Nur einmal ist ein Sperber-Männchen nach dem Tode des Weibchens angesichts der Not seiner Kinder über die Fähigkeiten seines Geschlechts hinausgewachsen.

Ein Ausnahmevater

Anfang der Dreißiger Jahre beobachteten zwei Vogelfotografen, G.Thiede und A.Zänkert, von einem Baumversteck aus das Leben in einem Sperberhorst und hielten die Ereignisse in einer eindrucksvollen Serie von Fotos fest. Sechs Jungsperber waren Anfang Juni geschlüpft und zwischen acht und zehn Tage alt, als das Weibchen eines Vormittags von einem Ausflug nicht mehr zurückkam. Die Nestlinge gierten stundenlang vergeblich nach Nahrung und waren am Abend schon recht matt. Die erste Nacht ohne die hudernde Mutter überlebten sie nur, weil sie sich gegenseitig warm hielten. Der zweite Tag ging dahin, und die hungrigen Jungen wurden immer schwächer. „Wir wollten noch bis zum Abend warten," schildern die Beobachter die Ereignisse, „um dann einzu-

greifen, doch da geschah das kaum Glaubliche – das Männchen, das bisher nur in der Ferne nach dem Weibchen gerufen hatte, stand mit einem Male auf dem Horstrand. Die Jungen waren zu matt, um zu gieren. Sie sahen ihn nur hilflos an und er sie auch. Dann huschte er fort, war aber im nächsten Augenblick schon mit einer Weidenmeise in den gelben Fängen wieder zurück. Er warf sie den Jungen hin. Doch sie regten sich nicht, um sie zu kröpfen, denn sie waren noch zu jung. Unschlüssig zögerte er, dann nahm er die Meise, riß einen Fetzen heraus und stopfte ihn dem vordersten Jungen in den offenen Schnabel. Er fütterte sie so nach und nach alle sechs, ohne daß die Jungen sich irgendwie erhoben.
Von nun an kam das Männchen Tag für Tag zum Horst und brachte gerupfte Meisen, Feldlerchen, Buchfinken, Dorn- und Zaungrasmücken, Goldammern und eine Anzahl von Mäusen mit. Die schon fast verhungerten Jungen erholten sich rasch. Alle sechs wurden vom Vater allein aufgezogen, bis sie flügge waren und selbständig wurden."
Dies ist der einzige, durch viele Fotos belegte Fall, in dem ein Sperbervater die Ausnahmesituation erfaßte, die Aufgaben der verschollenen Mutter übernahm und damit seinen, dem Tod geweihten Kindern das Leben rettete.

Die Ernährung der Jungen

Das Weibchen füttert die frischgeschlüpften Jungen mit kleinen Fleischstückchen, die sie ihnen vor den Schnabel hält. Da kleine Greifvögel vom Tag des Schlüpfens ab sehen können, nehmen sie die angebotene Nahrung gezielt ab. Am ersten Lebenstag treffen sie oft daneben, aber bald werden sie sicherer und die Nahrungsmenge, die sie brauchen, wird von Tag zu Tag größer.
Frischgeschlüpfte Eulen sind blind. Ihnen muß die hudernde Mutter die Nahrungsbröckchen seitlich an den Schnabel halten, so daß sie sie ertasten können. Sie fassen dann mit knabbernden Schnabelbewegungen zu.
In den ersten Lebenstagen erhalten die Nestlinge der meisten Greifvögel nur reines, zartes Fleisch, die der Fischadler Fisch und die des Wespenbussards Wespen- oder Hummellarven. Später tolerieren sie auch Knochenstückchen in der Nahrung und verdauen sie mit, wie das auch die Erwachsenen tun. Nach wie vor sind sie aber gegen Haare und Federn sehr empfindlich und lehnen Nahrungsbrocken ab, die zuviel von diesen unverdaulichen Stoffen enthalten.

Kalk aus fremden Knochen

In den Gewöllen von Eulen-Nestlingen finden sich bis zum Alter von mehreren Wochen keine Knochen. Ganz anders ist dies bei den Alten, die jedes Knöchelchen ihrer Beutetiere in ihren Gewöllen wieder auswürgen. Die Nestlinge benötigen zum Aufbau ihres eigenen Knochengerüstes Kalk, den aber können sie nur aus den Knochen der Beutetiere gewinnen. Sie verdauen daher die Knochen mit. Beim jungen Steinkauz findet man erst ab der vierten Lebenswoche Sklettteile der verzehrten Mäuse im Gewölle. Zu diesem Zeitpunkt ist demnach der Knochenaufbau beim Jungvogel abgeschlossen.

Nachschub aus dem Depot

Die Beutestücke, die ein Steinadler-Männchen für seine Familie einträgt, bringt er nicht immer direkt zum Horst. Wenn die Jagd erfolgreich war und Überfluß herrscht, legt das Männchen die Beutetiere in einem Depot in Horstnähe ab. Wenn am Nest Nahrung gebraucht wird, muß der Vogel nicht jedesmal erneut auf die Jagd gehen, sondern kann den plötzlich auftretenden Bedarf in Minutenschnelle aus seinem Depot befriedigen. Große Beutetiere, wie erwachsene Hasen oder Murmeltiere, die der Adler nicht über größere Strecken

im Fluge transportieren kann, zerlegt er schon dort, wo er sie gefangen hat, in transportable Stücke (Hälften) und erreicht dadurch, daß das Transportgewicht unter seiner maximalen Tragleistung bleibt, die zwischen vier und fünf Kilogramm liegt.
Auch andere Greifvogel- und Eulenmännchen legen Depots an, in denen sie Vorräte sammeln.

Kain und Abel

Die Zahl der Nachkommen, die eine Vogelart in die Welt setzt, steht in unmittelbarer Relation zu der Sterblichkeit, der die Art ausgesetzt ist. Wer hohe Verluste zu verkraften hat, muß viele Nachkommen aufziehen, um den Fortbestand der Art zu sichern.
Bei Gänsegeier und Schlangenadler besteht das Gelege nur aus einem einzigen Ei. Ein Junges pro Paar und Jahr genügt diesen Arten, um ihre Bestände zu erhalten.
Die Weibchen des Schreiadlers legen in der Regel zwei Eier im Abstand von drei bis vier Tagen, und daraus schlüpfen im Legeabstand auch meist zwei Junge. Doch nur das erstgeschlüpfte hat eine Chance groß zu werden. Das zweite ist von Geburt an zum Untergang bestimmt. Das erstgeschlüpfte Küken tötet das jüngere Geschwister ausnahmslos schon in den ersten Tagen. Vor den massiven Attacken des Großen flüchtet sich das Kleinere auf den Horstrand, wo es der Kälte ausgesetzt ist, verklammt und schließlich verhungert. 50 Prozent der Fortpflanzungskapazität wird beim Schreiadler also Jahr für Jahr vergeudet. Diese verschwenderische Strategie, über Hunderttausende von Jahren von positivem Selektionswert, ist heute angesichts der bedrohlichen Bestandssituation der Art äußerst nachteilig.
Man nennt den Brudermord im frühen Alter, der nicht nur beim Schreiadler, sondern auch beim nahe verwandten Schelladler, beim Bartgeier und meist auch beim Steinadler vorkommt, „Kainismus“. Damit wird an den Bruderzwist aus der biblischen Geschichte erinnert, bei dem der ältere der beiden Söhne des ersten Menschenpaares, Kain, seinen jüngeren Bruder Abel aus Eifersucht erschlug.

Turmfalken-Gelege

Der Schlupf beginnt

Adoption durch Pflegeeltern

Um den todgeweihten zweiten Schreiadler-Nestling zu retten, hat B.-U.Meyburg Ende der Sechziger Jahre während seiner gründlichen Studien an dieser Adlerart in der Slowakei eine Methode entwickelt, durch die es gelang, den zweiten

Kain und Abel

Ein gerade geschlüpftes Turmfalkenjunges mit seinen etwas älteren Geschwistern im weißen Dunenkleid

Zu den Bildern: Störungen durch Fotografieren im Horst während des Schlupfvorgangs können für die noch nassen Schlüpflinge tödliche Folgen haben, wenn die Mutter nicht in kürzester Zeit zurückkommt und weiter hudert. Nur mit Bedenken und ausnahmsweise wird hier ein solcher Vorgang gezeigt, da die Turmfalkenmutter in diesem Falle an den Fotografen gewöhnt war.

Jungvogel von einer anderen Greifvogelart aufziehen zu lassen. Durch diese Manipulation kann die Vermehrungsrate des Schreiadlers gesteigert, bezogen auf das einzelne Paar sogar verdoppelt werden. Eines der beiden Jungen, meist das zweite, wird in den ersten Lebenstagen dem Schreiadlerhorst entnommen und in den Horst eines anderen größeren Greifvogels (Schwarzmilan, Mäusebussard, Habicht) gesetzt. Die Jungen des Pflegeelternpaares werden auf andere Horste der gleichen Art verteilt. Der junge Schreiadler wird von der fremden Art in der Regel ohne Zögern adoptiert, selbst wenn er zum Zeitpunkt des Austauschs viel jünger ist, als die Jungen des ausgewählten Paares. Kurz vor dem Ausfliegen wird er dem Horst der Adoptiveltern wieder entnommen und in seinen Herkunftshorst oder einen anderen Schreiadlerhorst mit einem etwa gleichaltrigen Jungvogel gesetzt. Was im frühen Nestlingsalter nicht möglich war, ist in diesem fortgeschrittenen Stadium der Jugendentwicklung kein Problem mehr. Die fast flüggen Jungvögel zeigen keinerlei Agression gegeneinander. Der Neuling wird vom Horstpaar akzeptiert, gefüttert und zusammen mit dem bislang einzigen Nestinsassen aufgezogen.
Schreiadler-Paare haben nicht die geringsten Schwierigkeiten sich von einem auf den anderen Tag auf die Nahrungsbeschaffung für zwei große Junge umzustellen. Es ist also kein Nahrungsbe-

schaffungsproblem, das diesen kleinen Adler zu seiner rigorosen Reduktion der Nachkommenzahl im zarten Kindesalter bewegt.
Der Kainismus ist einer jener uns grausam erscheinenden Mechanismen der Bestandsregulierung, deren letztes Verständnis uns immer noch verschlossen bleibt.

Im Nest des Todfeindes

Bei der Kontrolle eines Uhuhorstes fand H.Frey neben drei 25 Tage alten Jung-Uhus eine etwa zehn Tage alte lebende Waldohreule vor. Der im Vergleich zu den jungen Uhus winzige Nestling war unverletzt und in mittelgutem Ernährungszustand. Wie mag er unbeschadet in den Horst des Todfeindes geraten sein?
Die Waldohreule gehört überall, wo sie neben dem Uhu vorkommt, zu seiner regelmäßigen Beute. Uhus schlagen nicht nur Altvögel, sondern rauben auch die Horste der Waldohreule aus, die als Offenbrüter besonders gefährdet ist. Wahrscheinlich wurde der kleine Nestling von einem der Uhu-Altvögel mit einem älteren und größeren Nestgeschwister zufällig mitergriffen, blieb unversehrt und gelangte so lebend zwischen die Jung-Uhus. Während sein totes Geschwister verfüttert wurde, genoß der lebende Winzling im Horst des Todfeindes zumindest vorübergehend Schonung.
Wie sein weiteres Schicksal aussah, blieb unbekannt. Seine Überlebenschancen waren aber sicherlich nicht sehr groß.

Kannibalismus beim Habicht

Weder Greifvögel noch Eulen haben irgendwelche Hemmungen, andere Greifvögel und Eulen zu töten und zu verzehren. Warum sollten sie auch? Der Uhu schlägt den Waldkauz, wo er seiner habhaft werden kann und dieser bereitet dem Rauhfuß-, Stein- und Sperlingskauz ein gleiches Schicksal. Zur gelegentlichen Uhubeute gehören unter anderem Mäusebussard und Habicht, selbst Fischadler sind dieser großen Eule schon zum Opfer gefallen.
Der Habicht schlägt alle kleineren Eulenarten bis hinauf zum Waldkauz und alle kleinen und mittelgroßen Greife und Falken bis zum Bussard, Rotmilan und Wanderfalken. Was überwältigt werden kann, wird geschlagen und verzehrt! Fressen und Gefressenwerden – ein ehernes Naturgesetz.
Als Kannibalismus bezeichnet man das Töten und Verzehren von Angehörigen der eigenen Art. Der Habicht hat auch in dieser Beziehung in seinen Jagdgewohnheiten keine Hemmungen. Von 26 Habichten, die als Rupfungen aufgefunden wurden, waren allein 15 von anderen Habichten umgebracht und verspeist worden.
Am häufigsten unter den Fällen von Kannibalismus ist beim Habicht der Nesterraub beim Nachbarn. Die Jungen benachbarter Habichtpaare werden aus dem fremden Horst geholt, wenn dieser vorübergehend unbeaufsichtigt ist, und an die eigenen Jungen verfüttert. Die Vorstellung, daß ein Elternpaar, das eigene Nachkommen betreut, ein „Herz für Kinder" der eigenen Art haben müßte, wie es bei einigen anderen Vögeln tatsächlich der Fall ist, ist beim Habicht vollkommen verfehlt.

Eigene Junge - fremde Junge?

Schonung und Versorgung erfahren nur Junge, die im eigenen Horst sitzen. Würde man zum Beispiel Nestlinge eines gerade beraubten Habichthorstes gegen die Kinder des raubenden Paares austauschen, so würden die Eltern die eigenen Jungen im Fremdhorst töten und an die Fremdlinge im eigenen Nest verfüt-

Zum Bild: Junge Waldkäuze brauchen lange bis sie sich selbst ernähren können. Die Eltern füttern sie nach dem Ausfliegen noch 8-10 Wochen.

tern. Was jede Stockentenmutter kann, die alle ihre zwölf Küken vom vierten Lebenstag an an Stimme und Aussehen individuell kennt und von fremden unterscheidet, ist eine Fähigkeit, die den Greifvögeln völlig abgeht. Gäbe es ein individuelles Erkennen der eigenen Jungen, wären die als Artenschutzmaßnahmen heute so erfolgreich praktizierten Adoptionen von Seeadler, Schreiadler oder Wanderfalke (siehe dazu auch Kapitel „Greifvögel schützen", Seite 144) undenkbar.
Während Sperbernestlinge bei der Fütterung durch die Mutter keine Feindseligkeiten untereinander zeigen und jeder wartet, bis er an der Reihe ist, geht das beim Habicht rauher zu. Sobald die Jungen etwas größer und beweglicher sind, kann es zu heftigen Verteilungskämpfen kommen, bei denen selbst die Fänge eingesetzt werden. So ist es nicht verwunderlich, daß es sogar zwischen den Geschwistern zu Kannibalismus kommen kann. Opfer sind dann meist die jüngeren, später geschlüpften Nestlinge. In einem Fall brachten Habichte ein Geschwister noch nach dem Ausfliegen um. Der Beobachter schilderte diesen Fall so: „Als ich nach vier Stunden nochmals wiederkam, kröpfte ein Junges noch die letzten Fleischreste des Geschwisters, von dem nur noch die starken Knochen übrigwaren. Die zwei anderen saßen mit prall gefüllten Kröpfen daneben".

Gefährliche Jugendzeit

Wie bei allen anderen Vögeln ist auch bei den Greifvögeln und Eulen die Jugendzeit die gefahrvollste Zeit ihres Lebens.
Der Ernst des Lebens beginnt für die Jungvögel, wenn sie sich von der Versorgung durch die Eltern gelöst haben und nun auf eigenen Füßen stehen. Unerfahrenheit bei der Jagd und Fehleinschätzung von Gefahren sind die häufigsten Ursachen für einen frühzeitigen Tod.
Von 100 jungen Sperbern, die das Nest

Zwei junge Kaiseradler der östlichen Unterart in ihrem

ihrer Eltern verlassen, leben nach Jahresfrist im Durchschnitt nur noch 30. Die Sterblichkeit der Jungvögel kann in bestimmten Gebieten sogar noch höher liegen, so bei einer Untersuchung in Finnland bei 82 Prozent im ersten Lebensjahr.
Hat ein Sperber aber das erste gefahrvolle Jahr überlebt, sehen seine Zukunftsaussichten etwas günstiger aus. In den folgenden Jahren liegt die jährliche Sterblichkeit nur noch bei 40%. Am Ende ihres zweiten Jahres leben von den 30 Sperbern somit (statistisch) noch 18, ein Jahr später noch 11 und so weiter. Ein zehnjähriger Sperber ist also eine Seltenheit, und die durch Ringfunde nachgewiesenen ältesten freilebenden

Horst in Anatolien

Sperber sind mit 14 und 15 Jahren absolute Ausnahmen.
Zu diesen für den Vogelfreund deprimierenden Zahlen muß allerdings gesagt werden, daß alle diese Daten aus Zeiten stammen, in denen der Sperber noch intensiv bejagd wurde. In vielen Ländern Mitteleuropas stehen Greifvögel seit einigen Jahren unter Vollschutz. Neu angesetzte Untersuchungen über die Mortalität des Sperbers würden wahrscheinlich zu einem etwas günstigeren Bild führen. Die hohe Sterblichkeit im jugendlichen Alter ist allerdings ein im Vogelreich allgemeingültiges Phänomen. Aber auch der erwachsene Sperber lebt durch seine draufgängerische Jagdweise ein Leben voller Gefahren. Erst kürzlich wurde hier in einem ringsum verglasten Wartehäuschen einer Busstation ein frisch verunglücktes Sperberweibchen entdeckt, das zusammen mit der verfolgten Amsel durch Anflug an die Scheibe den Tod gefunden hatte.

Zum Bild: Die Gelege der Kaiseradler bestehen aus zwei bis vier Eiern. Viel häufiger als beim Steinadler werden bei dieser Art zwei und nicht selten sogar drei Junge groß. Die östliche Unterart zieht ihre Nestlinge fast ausschließlich mit Zieseln auf, von denen die Eltern hier einen Vorrat eingetragen haben.

Greifvögel auf der Jagd

So verschieden wie die Nahrung sind auch die Jagdmethoden der Greifvögel. Suchflug in hoher Luft oder Patroullieren in Bodennähe, Jagd vom Anstand aus oder Parforce-Jagd im freien Luftraum sind nur einige der Methoden, die Greifvögel praktizieren, um ihren Lebensunterhalt zu bestreiten. Immer ist das Flugvermögen an die Anforderungen angepaßt, die Umwelt und Lebensweise stellen. Aber je weniger spezialisiert eine Art in ihrer Ernährung ist, desto besser gelingt es ihr, in Notzeiten auf Jagdmethoden auszuweichen, die zu normalen Zeiten nur als Gelegenheitsjob betrieben werden.

Auf Jagd nach Fischen

Er kann weder schwimmen noch aktiv tauchen und sein Gefieder ist nicht wasserfest. Dennoch stürzt sich der Fischadler bei seiner Jagd mehrmals täglich ins nasse Element. Er ist der einzige Greifvogel unserer Erde, der sich vollkommen auf den Fischfang spezialisiert hat.
Alle anderen fischfressenden Vögel, die im Sturzflug ihre Beute erjagen, wie die Tölpel, Eisvögel und Seeschwalben, tun das mit dem Kopf voran und ergreifen ihre Opfer mit dem Schnabel. Sie alle haben ein wasserdichtes Gefieder, und da sie die Oberfläche wie Geschosse mit hoher Geschwindigkeit durchbrechen, erzeugen sie beim Eintauchen kaum einen Spritzer.
Ganz anders sieht das beim Fischadler aus. Wenn er einen Fisch erspäht hat, unterbricht der Adler seinen Suchflug in 20-50 m Höhe über dem Gewässer plötzlich. Steht der Fisch günstig, stürzt sich der Vogel mit gefalteten Flügeln zur Wasseroberfläche herab. Kurz vor dem Aufprall auf das Wasser streckt er die Beine mit den schon griffbereit geöffneten Fängen weit nach vorne und taucht mit einem hörbaren Aufprall in das aufspritzende Wasser ein. Dabei kann der Fischadler völlig im Wasser verschwin-

den und bis zu einer Sekunde unter Wasser bleiben. Gelingt der erste Zugriff nicht sofort, hat der Vogel unter Wasser keine Möglichkeit, ihn zu korrigieren und muß die Jagd erfolglos abbrechen. Die Jagd des Fischadlers ist also eine typische Greifvogeljagd: Die Beute wird mit den Fängen ergriffen.
Der Vogel muß sich so schnell wie möglich wieder vom Wasser lösen, damit sein Gefieder nicht durchweicht, und er seine Flugfähigkeit verliert.
Fischadler sind recht effektive Jäger: Im Durchschnitt führt jeder dritte Stoß zum Erfolg.

Zu den Bildern: Mit hochgestellten, nach hinten gestreckten Flügeln, gefaltetem Schwanz und weit vorgestreckten Fängen stürzt ein Fischadler zur Wasserfläche herab,

... taucht im aufspritzenden Wasser tief ein,

... hebt sich mit mächtigen Flügelschlägen wieder von der Oberfläche

... und fliegt mit der Beute davon

Im Suchflug auf Jagd

Von allen seinen engeren Verwandten (Gattung *Aquila*) ist der Steinadler nicht nur der stärkste und vielseitigste, sondern auch der risikofreudigste Jäger. Seine typische Jagdart ist der Suchflug entlang der Berghänge mit Ausfliegen von Mulden und Senken und knappem „Überspringen" von Felsgraten und Gebüschreihen. In rasantem, bodennahmen Gleitflug erscheint der Adler urplötzlich auf einer Bergwiese und schlägt blitzschnell zu, wenn ein überraschtes Murmeltier nicht früh genug seinen Bau erreicht. Nutzung jeder Chance und Überrumpelung der Beute sind sein Erfolgskonzept. Von der Maus bis zum Rotwildkalb und zum ausgewachsenen Fuchs ist kaum ein Lebewesen seiner Bergwelt vor ihm sicher.
Steinadler sind aber auch sehr erfolgreiche Vogeljäger. Sie schlagen Schnee- und Moorhühner, die sie im geradlinigen Verfolgungsflug nicht einholen können, im Steilstoß aus hoher Luft.
Beim Anjagen einer Beute kann der Adler im beschleunigten Gleitflug Geschwindigkeiten von 160, ja bis zu 190 Stundenkilometern entwickeln. Beim

Steilstoß auf die schnellfliegenden Schneehühner steigert er sich auf Geschwindigkeiten, die sonst nur noch vom stoßenden Wanderfalken erreicht werden: über 300 Stundenkilometer!
Wagt er sich an wehrhafte Beute, muß auch der Steinadler Vorsicht walten lassen. Mit Jungfüchsen, die noch wehrlos sind, hat er keine Probleme, erwachsene Füchse greift er dagegen bevorzugt dann an, wenn sie bei hohem Schnee in ihrer Fortbewegung behindert sind. Die Taktik gegenüber einer solchen gefährlichen Beute besteht darin, daß der Adler den Fuchs zunächst nur mit einem Fang im Rücken packt. Der Fuchs wendet, sobald er den Griff des Adlers spürt, seinen Kopf bißbereit zurück, worauf der Adler ihm seinen zweiten Fang in den Kopf schlägt. Mit diesem schraubstockartigen Zangengriff der Fänge, kann der Vogel oft beim ersten Zupacken die Schädeldecke seines Opfers perforieren und so in Sekundenschnelle den Tod herbeiführen. Mit der gleichen Taktik überwältigt der Steinadler auch andere wehrhafte Beutetiere, wie Katzen, die ihm in manchen Gebieten häufig zum Opfer fallen, junge Dachse und Marder. Auch kleine Stöberhunde, wie sie in Schottland zum Aufscheuchen von Flugwild eingesetzt werden, wurden bei ihrer Feldarbeit gelegentlich schon von einem Steinadler getötet.
Nicht immer endet eine Jagd auf Raubwild mit dem Sieg des Adlers. Manchmal wird sie ihm auch selbst zum Verhängnis. Ein Hermelin, das von einem Steinadler geschlagen, aber nicht sofort getötet wurde, entwand sich in der Luft den Fängen, biß dem Adler die Kehle durch und stürzte mit dem sterbenden Vogel zusammen zur Erde.
Eine Wildkatze im Schottischen Hochland, die an einem Hasen fraß, wurde von einem Adler angegriffen, der ihr die Beute abnehmen wollte. Die Katze setzte sich jedoch so heftig zur Wehr, daß sie vor ihrem Tod dem Adler noch so schwere Verletzungen beibrachte, daß auch er die Auseinandersetzung nur kurze Zeit überlebte.

Kinderschädel im Adlerhorst

Überall wo der Steinadler brütet, hat die Bergbevölkerung ihm neben anderen Schäden auch „Kinderraub“ angelastet. Die Funde von Kinderschädeln in

Zum Bild: Ein Steinadler-Männchen fliegt mit Beute (Jungfuchs) seinen Horst an. Zwei vollbefiederte, fast flügge Jungvögel erwarten dort den Vater in der typischen Bettelhaltung mit tiefgehaltenem Kopf.
Nur selten wachsen in einem Steinadlerhorst beide Jungadler auf. Meist wird der jüngere Nestling von seinem älteren Geschwister noch im Dunenstadium durch massive Gewaltanwendung ausgegrenzt und getötet.

Rotmilan im beschleunigten Flug

Steinadlerhorsten der Karpaten haben nicht gerade dazu beigetragen, diesen Ruf zu zerstören. Sie sind authentisch und können nicht angezweifelt werden. Doch wie soll man sich den Raub eines Kindes in einem Alter vorstellen, in dem es für den Adler gewichtsmäßig gerade noch transportabel ist: als Säugling unter einem halben Jahr? Welche Mutter läßt denn ihr Kind in diesem Alter ohne Aufsicht in der Bergwelt allein? Nüchtern denkende Berichterstatter haben deshalb damals schon die Vermutung geäußert, daß diese Schädel wohl ausnahmslos von unbestatteten Totgeburten oder der lebend ausgesetzten „Frucht der geheimen Liebe einer Sennerin“ stammten. Eine Hemmung, ein solches noch lebendes Würmchen mitzunehmen und an den eigenen Nachwuchs zu verfüttern, hat der Steinadler selbstverständlich nicht. Er würde es wie eine andere Beute behandeln.

Zum Bild: Der Rotmilan war früher in England und Schottland ein häufiger Brutvogel und kam im 15. und 16. Jahrhundert selbst im Inneren Londons vor, wo er sich in Scharen als Abfallbeseitiger betätigte. Ein erbarmungsloser Ausrottungsfeldzug im 19. Jahrhundert hat die Art in wenigen Jahrzehnten auf der ganzen Insel bis auf einen winzigen Restbestand in Wales ausgerottet.

Die Jagdweisen von Kaiser- und Schelladler

Verglichen mit den Leistungen des Steinadlers sind die vier anderen Adler Europas recht bescheidene Jäger. Kaiser- und Steppenadler jagen kleine Nagetiere. Ihre Hauptnahrung ist das Ziesel, dem sie im Ansitz von einer niedrigen Warte aus auflauern und das sie dann im beschleunigten Gleitflug schlagen. Wie der noch stärker auf das Ziesel

fixierte Steppenadler kann auch der Kaiseradler aus einem kreisenden Suchflug heraus im Steilstoß Beute anfliegen und ergreifen. Vögel spielen in der Ernährung dieser beiden Arten eine eher untergeordnete Rolle.
Ganz ungewöhnlich für einen Adler ist die Jagd des Schreiadlers. Der Lebensraum dieser kleinsten heimischen Adlerart sind feuchte Bruchwälder, die an nasse Wiesen grenzen. Auf diesen Wiesen und an Grabenrändern geht der Adler wie ein Storch zu Fuß auf die Jagd und durchwandert dabei auf seinen hohen Beinen große Strecken – in einer halben Stunde oft mehrere hundert Meter. Springt ein Frosch vor ihm auf oder überrascht er eine Schlange oder eine Maus, so springt er mit halbgeöffneten Flügeln auf das Opfer zu und ergreift es mit einem Fang. Frösche sind in diesen feuchten Bruchwäldern eine wichtige Beute des Schreiadlers, und sie werden auch dem Jungvogel im Horst in beträchtlicher Zahl zugetragen.
Wo der Schreiadler in trockeneren Biotopen lebt und brütet, wie in der Ost-Slowakei, jagt er seine dortige Hauptbeute, die Feldmaus, vornehmlich aus einem kreisenden Suchflug heraus. Dabei läßt er sich aus 30-40 m Höhe auf entdeckte Nager herabfallen.
Hier wie dort betreibt der Schreiadler die Jagd auch noch nach Art des Mäusebussards von einem niedrigen Ansitz aus.

Rohrweihe auf der Jagd

Zum Bild: Bei ihrem Pirschflug hat diese junge Rohrweihe eine Maus entdeckt. Mit ihren langen Beinen kann sie auch in dichte Vegetation flüchtende Beutetiere noch ergreifen.

Pirschflug über Schilf und Moor

Drei unserer heimischen Greifvogelarten, die Kornweihe, die Rohrweihe und die Wiesenweihe, betreiben ihre Jagd in einem langsamen, bodennahen Pirschflug. Ihre Manöver beim Jagdflug sind unverwechselbar. Mit flach V-förmig über die Horizontale gehaltenen Schwingen gaukeln sie dicht über der Vegetation ihres Lebensraumes dahin und suchen das Gebiet unter sich nach Beute ab. Bei diesem Pirschflug kommt es nicht auf Tempo an, ganz im Gegenteil. Die pirschfliegende Weihe muß blitzschnell reagieren und sofort zupacken können, wenn sie plötzlich eine Maus oder einen brütenden Vogel unter sich entdeckt. Aus einem rasanten Flug heraus wäre das bei der kurzen Distanz zum Boden unmöglich.
Die Kornweihe fliegt beim Pirschflug mit der Minimalgeschwindigkeit von nur 16 km/h.

Die V-Stellung der Flügel bewirkt bei den Weihen eine Stabilisierung der Fluglage. Denn diese wird über den weiten offenen Flächen ihrer Jagdreviere durch die dort ständig wechselnden Windverhältnisse leicht instabil. Das häufige Seitwärtskippen des Körpers, das man bei pirschfliegenden Weihen beobachten kann, wird durch die V-Stellung der Flügel gewissermaßen selbsttätig korrigiert.
Weihen haben als einzige unter den heimischen Greifvögeln einen eulenartigen Gesichtsschleier. Das deutet darauf hin, daß sie sich bei ihrer Jagd nicht nur optisch, sondern auch stark akustisch orientieren und auf feinste Geräusche der Beute achten.
So findet die Rohrweihe allein über ihr Gehör Bläßhuhnnester, in denen die Küken vor dem Schlupf in den Eiern ihre ersten piependen Laute hören lassen. Die Weihe verschafft sich Zugang zum Nest, bricht die schlupfreifen Eier auf und holt die Küken heraus.

Parforcejagd im freien Luftraum

Der Taubenschwarm, der in 200 m Höhe über dem Eß-See im bayerischen Voralpenland seine Runden fliegt, ist plötzlich in alle Winde zerstoben. Bevor ich noch begreife, was vorgefallen ist, kommt eine einzelne Taube in rasender Flucht nahezu senkrecht vom Himmel. Hinter ihr, in der Verlängerung ihrer Flugbahn, folgt ein dunkler Schatten. In atembe-

Turmfalke im Anflug auf eine Maus

Der Falke ergreift die Maus...

raubendem Tempo verringert sich die Distanz zwischen Verfolger und Verfolgter. Fast hat er sie erreicht, da klatscht die Taube in voller Fahrt auf die Wasserfläche. Der Schatten hinter ihr steilt auf und jetzt zeigt sich, daß es ein Wanderfalke war, dem die Taube um Haaresbreite entkam. Der Falke gewinnt mit schnellen Flügelschlägen wieder Höhe und entschwindet über dem Wald, ohne einen weiteren Versuch zu machen, die in alle Richtungen zerstobenen Tauben nochmals anzujagen.
Die Taube, die ihm soeben entkam, lag mit ausgebreiteten Schwingen minutenlang auf der Wasserfläche. Dann raffte sie sich auf und arbeitete sich mit paddelnden Flügelbewegungen bis zum 50 Meter entfernten Ufer. Bis auf einen gewaltigen Bluterguß über die ganze Brustmuskulatur war sie unversehrt geblieben.
Daß eine vom Wanderfalken gejagte Taube sich aufs Wasser rettet, ist ungewöhnlich. Aber die nächsten großen Bäume, die ihr Zuflucht geboten hätten, waren zu weit entfernt. Im Geäst eines Baumes, und sei es nur eine Pyramidenpappel, sind vom Falken verfolgte Vögel absolut sicher. Der Falke darf es nicht wagen, sie ins Astgewirr zu verfolgen, wie es Habicht und Sperber ohne weiteres tun. Seine rasante Flugweise macht ihm ein Manövrieren in den Zweigen unmöglich, und das Risiko, sich zu verletzen, ist zu groß.
Als ausgesprochener Vogeljäger ist der Wanderfalke ganz für die Jagd im freien Luftraum ausgerüstet. Die meisten seiner Jagdzüge entwickeln sich aus einem Spähflug in großer Höhe, aus dem der Falke sich im Steilstoß mit angewinkelten Flügeln auf die fliegende Beute stürzt. Bei diesen Steilstößen entwickelt der Falke auch seine Höchstgeschwindigkeit, die bis zu 320 Stundenkilometern betragen kann. Tieffliegende Vögel, wie Rebhühner oder Schneehühner, werden oft nur angeschlagen, indem der Falke im Augenblick der Körperberührung dem fliehenden Vogel mit der Kralle der Hinterzehe den Rücken aufreißt und sofort wieder aufsteilt. Beim Zusammenprall der beiden Körper hört man ein klatschendes Geräusch. Die angeschlagene Beute wird von der Wucht des Aufpralls meist sofort getötet oder fällt schwer verletzt zu Boden. Der Falke beschreibt in der Luft einen Bogen und kehrt dann zu seinem Opfer zurück.
Die Geschwindigkeiten, die der Wanderfalke beim horizontalen Verfolgungsflug erreicht, sind bei weitem nicht so hoch. Immerhin ist er in der Lage, Schwalben und selbst die schnellfliegenden Mauersegler zu überholen. Rebhüh-

... und fliegt mit ihr davon

Zu den Bildern: Ein Turmfalke jagt eine Feldmaus an, die über die dünne Schneedecke flüchtet. Im Bremsmanöver sind die Daumenfittiche am Flügelbug weit abgespreizt. Auf der deckungslosen Fläche hat die Maus keine Chancen zu entkommen.

ner und die noch schneller fliegenden Schnee- und Birkhühner kann er im Horizontalflug jedoch nicht mehr einholen, sie sind für ihn nur im Steilstoß zu erbeuten.

Auch der Wanderfalke ist, trotz seiner hohen Flugkraft, nicht unangreifbar. Nachts kann er auf dem Schlafplatz vom Uhu überwältigt, am Tage vom stärkeren Habicht überrascht und geschlagen werden. Im hohen Norden, wo er Nachbar des größeren und stärkeren Gerfalken ist, muß er sich vor diesem in Acht nehmen. Im horizontalen Verfolgungsflug ist der Gerfalke ihm überlegen. Wo Gerfalken bei der Jagd auf Wanderfalken beobachtet wurden, holten sie den fliehenden kleineren Vetter sowohl im Horizontalflug als auch im Schrägstoß ohne weiteres ein.

Zwei Vogeljäger – zwei Jagdmethoden

Der kleinere Vetter des Wanderfalken, der Baumfalke, ist wie jener ein Vogeljäger, wenn auch kein so exklusiver. Bei seiner geringeren Größe bewegt sich auch sein Beutespektrum in einer anderen Größenklasse. Schwalben, vor allem die Rauchschwalbe, und Feldlerchen sind Hauptbeute, doch sind mehr als 70 Vogelarten bekannt geworden, die der Baumfalke jagt. Seine Jagdmethode ist der rasante Verfolgungsflug im freien Luftraum. Mit seinen langen, sichelförmigen Flügeln kann er selbst die schnellfliegenden Mauersegler noch einholen. Wie alle Vogeljäger hat auch der Baumfalke sehr lange und auffallend dünne Zehen. Fliegende Libellen sieht er auf eine Entfernung von 200 Metern und jagt sie gezielt an.

Ein ganz anderer Typ eines Vogeljägers ist der Sperber. Breit- und rundflügelig und viel langschwänziger als der Baumfalke zeigt er schon in seinem Körperbau, daß er einen anderen Flugstil hat und andere Jagdmethoden praktiziert. Sein Jagdstil ist der Überraschungsangriff, das urplötzliche Auftauchen und die Überrumpelung der ahnungslosen Beute. Wer jemals einen Sperberangriff auf die Gäste einer winterlichen Futterstelle erlebte, wird die elementare Wucht, mit der der Greif wie ein grauer Schatten zwischen die Kleinvögel fährt, und die rasende Verfolgung des flüchtenden Opfers um Büsche und Bäume herum und in dichte Sträucher und Hecken hinein, nicht wieder vergessen. Auch der Sperber hat die langen, dünnen, beim Terzel geradezu spinnenartig wirkenden Zehen des typischen Vogeljägers.

Kadaversuche im Segelflug

Schon früh in der Stammesgeschichte der Greifvögel haben einige große Adlerartige die Entdeckung gemacht, daß die Kadaver großer Säugetiere ergiebige Nahrungsquellen sein können. Zunächst wurden wohl nur Kadaver angenommen, die nicht schon stark in Verwesung übergegangen waren. Viele der großen Adler tun das auch heute noch zu bestimmten

Jahreszeiten. So sind etwa für den Steinadler die Kadaver der Lawinenopfer von Gams-, Stein- und Rotwild im Winter und bis in den Frühsommer hinein eine wichtige Nahrungsquelle. Eine Steinadlerfamilie, die zwei Junge im Horst hatte, lebte volle zwei Wochen von einem Hirsch, der in einer auftauenden Lawine ausaperte.
Die Vorfahren der heutigen Geier haben mit der zunehmenden Spezialisierung auf diese Ernährungsweise nicht nur ihre körperliche Ausrüstung sondern auch ihr Nahrungsverhalten geändert. Um Kadaver zu finden, müssen Aasfresser riesige Gebiete aus großer Höhe absuchen und das ist nur im kräfteschonenden Segelflug möglich. Alle Geier haben daher den Segelflug in der Thermik zur höchsten Vollendung entwickelt.
Erst gegen 10 Uhr am Vormittag hat sich die Luft durch die Sonneneinstrahlung so weit erwärmt, daß für die schweren Geierkörper tragfähige Thermik entsteht. Die Gänsegeier, die die Nacht gesellig auf ihren Schlafplätzen in einer Felswand verbracht haben, fliegen um diese Zeit einer nach dem anderen ab und versuchen, so schnell wie möglich in einen der sich bildenden Aufwindschläuche zu kommen, die sie emportragen. Dort verteilen sich die Vögel über ein großes Gebiet und jeder zieht für sich weite Kreise und kontrolliert das unter ihm liegende Gelände. Gleichzeitig aber behält er alle seine in der Ferne kreisenden Artgenossen im Auge, denn aus ihrem Verhalten kann er Schlüsse auf die Entdeckung eines Kadavers ziehen.
Die Sehschärfe des Geierauges übertrifft noch die der Augen der anderen Greifvögel. Ein Gänsegeier kann aus 1000 m Höhe noch Objekte von etwa 8 cm, aus 2300 m Höhe noch solche von 19 cm und aus 3600 m Höhe noch solche von etwa 30 cm Durchmesser erkennen.
Der besonders von kleinen Abfällen lebende Schmutzgeier identifiziert aus 1000 m Höhe noch Objekte von etwa 6 cm Durchmesser. Bei dieser Leistungsfähigkeit des Auges entgeht einem suchfliegenden Geier kaum etwas, was eine Mahlzeit versprechen könnte.
Hat einer aus der suchkreisenden Geiergesellschaft einen Kadaver entdeckt, so schaltet er augenblicklich aus dem Segelflug auf ein Schnellsink-Manöver um. Mit angewinkelten Flügeln gleitet er in steiler Bahn, rasch Höhe verlierend, zum entdeckten Objekt herab. Dieses Manöver ist für seine Artgenossen das Signal, sich anzuschließen und in jener Richtung in einer, allerdings flacheren Gleitbahn abzusinken. Eile ist geboten, denn für frische Kadaver gibt es eine ganze Reihe anderer Interessenten, wie Füchse, Hunde, Schakale und Hyänen. Es kommt für die Geier also alles darauf an, am Kadaver zu sein bevor die vierfüßigen und stärkeren Konkurrenten ihn

Zum Bild: Die mächtigen Flügel des Gänsegeiers sind für den ausdauernden Segelflug in aufsteigenden Warmluftmassen konstruiert. Diese bilden sich durch die Sonneneinstahlung im Laufe des Vormittags und erst dann steigen die Vögel zu ihren ausgedehnten Suchflügen nach Kadavern hoch in die Luft.

Schmutzgeier und Nebelkrähe

Zum Bild: Krähen wissen genau, bei welchem Greif sie sich was herausnehmen dürfen. Hier schikaniert eine Nebelkrähe den Schmutzgeier um sich in den Besitz des Fleischfetzens zu bringen, den er bearbeitet.

mit Beschlag belegt haben. Am Sinkmanöver der Gänsegeier partizipieren auch Mönchs- und Schmutzgeier. Erst seit man weiß, wie die Geier sich untereinander verständigen, kann man sich das schnelle Eintreffen vieler dieser Vögel an einem Kadaver erklären, sobald er nur von einem entdeckt wurde. Im leicht absinkenden Gleitflug von einem Thermikschlauch zum nächsten schwebt der Gänsegeier mit einer Geschwindigkeit von nur etwa 50 km/h dahin. Der Vogel will ja bei diesem Manöver nicht allzuviel Höhe verlieren und hält daher seine Flugbahn möglichst flach. Hat er es aber eilig und ist er hoch genug in der Luft, kann er in steiler Gleitbahn sehr viel mehr Tempo entwickeln. Bei einem forcierten Zielflug zu einem durch Artgenossen signalisierten Aas werden Geschwindigkeiten bis zu 160 km/h erreicht.

Der Bartgeier ist viel weniger thermikabhängig als Gänse- und Mönchsgeier. Seine langen Schwingen sind besonders für den schnellen Gleitflug entlang der Felswände und Hänge sowie über das tief eingeschnittene Gelände seiner Bergwelt geeignet. Er kann daher schon am frühen Morgen auf Nahrungssuche fliegen, zu einer Tageszeit, die dem Gänsegeier wegen fehlender Thermik ganz und gar verschlossen bleibt. In flacher Bahn gleitet der Bartgeier schneller als der Gänsegeier dahin. Bei einer Gleitstrecke mit einem Gefälle von 12 Grad wurde eine Geschwindigkeit von 130 km/h gemessen.

Greifvögel auf Wanderschaft

Greifvögel gehen auf Wanderschaft, wenn sich die Nahrungsbedingungen in ihrem Lebensraum im Wechsel der Jahreszeiten gravierend ändern. Die Zahl der echten Zugvögel unter ihnen ist aber viel geringer als bei den Singvögeln. Nur 23 der 288 Greifvogelarten unserer Erde sind echte, ausnahmslos ziehende Zugvögel, zwölf Arten sind überwiegend Zugvögel und 39 Arten sind nur Teilzieher.

Zu den Vollziehern unter den europäischen Arten gehören Schrei- und Schelladler, Wiesen- und Steppenweihe, Baum- und Eleonorenfalke. Fischadler und Wespenbussard sind zwar in Mitteleuropa wie im ganzen Norden ihrer Verbreitung obligatorische Zugvögel, aber schon im Mittelmeergebiet, in Spanien, Italien und auf dem Balkan sind diese beiden Arten Strich- oder sogar Standvögel.

Seeadler: Die Jungen wandern, die Alten bleiben

Bei vielen Greifvögeln, die ausgesprochene Standvögeln sind, haben doch die Jungen einen deutlichen Hang weit herumzustreifen, ja regelrecht zu wandern. Man findet diese unterschiedliche Wanderlust von Jung und Alt auch in anderen Vogelgruppen, zum Beispiel bei vielen Singvögeln. Die biologische Bedeutung dieses Verhaltens liegt auf der Hand: der jungen Generation fällt die Aufgabe zu, neue Gebiete zu besiedeln. Das gelingt aber nur, wenn die Jungen nicht am Geburtsort kleben, sondern das Risiko, in unbekannte Ferne zu ziehen, auf sich nehmen.

So ist das auch beim Seeadler. Altvögel mit festen Revieren bleiben in Mitteleuropa jahraus jahrein am Brutplatz und in der Nähe ihres Horstes. Die meisten Jungvögel aber erfaßt, kaum daß sie sich von der Versorgung durch die Eltern gelöst haben, ein Drang zum Davonfliegen. Sie streifen weit umher, ja wandern nicht selten hunderte von Kilometern davon und geraten dabei leider gelegentlich in Gebiete, in denen sie aufs äußerste gefährdet sind: vor die Flinten unserer südeuropäischen Nachbarn. So mancher Jungadler hat in der ersten Zeit seiner Unabhängigkeit auch Probleme, ausreichend Beute zu machen. Vor allem im ersten Winter ihres Lebens wird die Nahrungssituation für die unerfahrenen Jungvögel oft kritisch und mancher Jungadler verhungert.

In Gesellschaft reisen: Wespenbussarde

Wespenbussarde sind gesellige Vögel, die gern in lockerer Gemeinschaft wandern. Ihr Zug vom und ins Winterquartier im tropischen Afrika ist stets ein eindrucksvolles Schauspiel.

Mit leichtem, bussardartigem Flügelschlag kommen sie heran, immer wieder den Ruderflug durch Segeln und Kreisen unterbrechend. Oft kann man 10, 20, ja bis zu hundert und mehr Wespenbussarde gleichzeitig in der Luft sehen, die alle die gleiche Richtung einhalten. Irgendeine Flugformation halten Wespenbussarde – wie alle Segelflieger – nicht ein. Jeder Vogel fliegt und nutzt die Thermik für sich, hält aber dennoch Kontakt zu seinen Reisegefährten.

Meist erst in der zweiten Maihälfte kehren die Wespenbussarde zu ihren Brutplätzen zurück. Ende August und in der ersten Septemberhälfte, manchmal sogar bis in den Oktober hinein, kann man an schönen Herbsttagen dann das gleiche Schauspiel beim Wegzug ins Winterquartier genießen.

Wespenbussarde benutzen die gleichen Zugwege wie die Störche, um nach

Junger Seeadler auf Eis

Afrika zu gelangen. Als vorwiegend segelfliegend ziehende Greife macht das Gros der Wanderer den gleichen Umweg um die aufwindlose Wasserwüste des Mittelmeeres: über die Meeresenge von Gibraltar und den Bosporus. Dort und am Nordende des Roten Meeres ballt sich der aus Europa heranströmende Greifvogelzug zusammen und bietet Naturfreunden ein unvergeßliches Erlebnis. Allein bei Eilat zählte man im Frühjahr 1977 die gewaltige Zahl von 225 952 durchziehenden Wespenbussarden.
Ein bedeutendes Durchzugsgebiet für diese Art ist aber auch die Straße von Messina, zwischen Sizilien und Italien. Tausende von Wespenbussarden queren, von Tunesien kommend, beim Frühjahrszug die Meerenge und ihre Zahl nimmt ständig zu, seit die dort üblichen Massaker an Zugvögeln durch international organisierte Aktionen von Vogelschützern verhindert werden.

Zum Bild: Im ersten Winter ihres Lebens geraten junge Seeadler häufig in Not. Eis und Schnee versperren viele Nahrungsquellen und ihre Erfahrungen in selbständiger Jagd sind noch sehr unvollkommen.

Wenn man einen der lockeren Trupps wandernder Wespenbussarde beobachtet, wundert man sich, wie langsam er vorankommt. Es dauert viele Minuten, bis die Vögel aus dem Gesichtsfeld entschwinden. Aber auch Greifvögel, die im Ruderflug ziehen, wie Sperber und Wanderfalke, fliegen dabei erstaunlich langsam.
Messungen der Zuggeschwindigkeiten auf der Kurischen Nehrung haben für den Sperber eine Geschwindigkeit von nur 41,4 km/h und für den schnellen Wanderfalken 59,2 km/h ergeben. Beim Zug sind Ausdauer und Energiesparen

Zum Bild: Krähen hassen vor allem zur Brutzeit auf Greifvögel, von denen sie ihre Jungen bedroht glauben. Hier attackiert eine Rabenkrähe einen Rotmilan.

angesagt – keine Geschwindigkeitsrekorde.
Ein Wespenbussard flog im Laufe seines Lebens 56mal zwischen Europa und Afrika hin und her. Er war 1934 in Sachsen aus dem Ei geschlüpft und wurde 28 Jahre und 11 Monate später nur 100 Kilometer von seinem Geburtsort entfernt tot aufgefunden. Im Herbst 1934 flog er zum ersten Mal nach Afrika, im Frühjahr 1963 kehrte er zum letzten Mal vom schwarzen Kontinent in seine Heimat zurück. Dies war das höchste Lebensalter und die größte Zugleistung dieser Art, die bisher nachgewiesen werden konnten!

Vom Mittelmeer nach Madagaskar: Eleonorenfalken

Der Eleonorenfalke brütet an Felsküsten und auf kleinen unbewohnten Inseln im Mittelmeerraum sowie auf den östlichen Kanaren. Wenn die Falken im April aus ihren Winterquartieren wieder an den Brutplätzen erscheinen, denken sie noch lange nicht an Fortpflanzung, denn für die Aufzucht ihrer Nachkommenschaft sind sie auf den herbstlichen Zug der Kleinvögel über das Mittelmeer angewiesen. Erst im August, wenn andere Greifvögel schon flügge oder gar selbständige Junge haben, legen die Eleonorenfalken ihre 2-3 Eier in eine Felsnische und brüten sie in 28-33 Tagen aus. Die Jungen kommen also zur Welt, wenn der Zug der Kleinvögel über das Mittelmeer von Tag zu Tag intensiver wird. Zur Zeit des stärksten Nahrungsbedarfes, im Laufe des September, ist auch das Zuggeschehen über dem Meer auf seinem Höhepunkt. Ende Oktober ist der Nachwuchs selbständig, und die Eleonorenfalken machen sich nun auf den Weg in ihr Winterquartier.
Zugweg und Winterquartier der Eleonorenfalken waren der Wissenschaft lange Zeit ein ungelöstes Rätsel. Heute wissen wir, daß die Falken auf Madagaskar (und nur dort) überwintern. Aber wie gelangen sie dorthin?
Niemals sind Eleonorenfalken auf dem Zug über dem afrikanischen Festland gesehen worden, wohl aber an der Küste Ostafrikas. Es ist also anzunehmen, daß die Vögel sich auf ihrem gesamten Zugweg nie weit vom Meer entfernen. Sie ziehen die afrikanische Küste des Mittelmeers entlang, durchwandern das Rote Meer, folgen dann der Küste Ostafrikas und dringen dabei immer weiter nach Süden vor, bis sie schließlich auf der Höhe von Tanzania oder Mozambique nach Madagaskar hinüberschwenken. Die auf den Kanarischen Inseln brütenden Eleonorenfalken wenden sich im Oktober zunächst nach Norden, biegen auf der Höhe von Gibraltar nach Osten ins Mittelmeer ein und ziehen von dort auf dem gleichen Wege wie die mediter-

ranen Populationen zum entfernten Madagaskar.
Im Brutgebiet ernähren die Eleonorenfalken sich und ihren Nachwuchs von Zugvögeln. Im Winterquartier auf Madagaskar jagen sie ausschließlich große Fluginsekten. Warum sie für eine Beute, die sie auch überall auf dem afrikanischen Festland haben können, nach Madagaskar ziehen und dafür noch einen so ungewöhnlichen Zugweg wählen, bleibt vorläufig noch ihr Geheimnis.

Wandern Eulen?

Auch unter den Eulen sind echte Zugvögel selten. Von den Europäern sind Uhu, Wald- und Steinkauz ausgesprochene Standvögel, die nur in der Jugend umherstreichen, bevor sie seßhaft werden. Die Schnee-Eule unternimmt bei Nahrungsmangel, so vor allem bei den zyklischen Zusammenbrüchen der Lemmingbestände, ausgedehnte südlich gerichtete Wanderungen.
Waldohr- und Sumpfohreule sind je nach Alter und geografischer Lage ihrer Brutgebiete und beeinflußt durch die Nahrungssituation Strich- oder Zugvögel. Die Waldohreulen aus Nord- und Nordosteuropa (Skandinavien und Rußland) sind Zugvögel, die in unseren Breiten überwintern. In Mitteleuropa ziehen nur die Jungvögel, die Erwachsenen bleiben im Lande oder streifen nur etwas umher. Ein ausgesprochener Zugvogel ist nur die kleine Zwergohreule. Sie überfliegt das Mittelmeer, durchquert die Sahara und überwintert im nördlichen und mittleren Ostafrika. Im September/Oktober verlassen die Zwergohreulen die Brutgebiete und kehren erst wieder im April zurück.

Zum Bild: Eleonorenfalken gehören zu den gefährdeten Greifvogelarten. Obwohl sie unter Schutz stehen, werden die halbwüchsigen Jungfalken auf den Mittelmeerinseln immer noch von Fischern zum Verzehr aus den Nestern geholt.

Portraits und typische Flugbilder

Rotmilan
Langer, tiefgegabelter, rostroter Schwanz und je nach Fluglage mehr oder weniger stark gewinkelte Flügel mit hellen Flecken im dunklen Handfittichbereich sind die auffälligsten Bestimmungsmerkmale des Rotmilans.

Seeadler
Breite, brettartig wirkende Schwingen mit stark aufgefingertem Handfittich, weit vorgestreckter Kopf mit gewaltigem Schnabel und kurzer, keilförmiger Schwanz kennzeichnen das Flugbild des Seeadlers.

Schlangenadler
Der Schlangenadler fliegt mit weitausholenden, kräftigen Flügelschlägen. Im Gleitflug winkelt er die Flügel sehr stark an; Segelflug mit starr gestreckten, horizontal gehaltenen Schwingen. Typisch ist auch der weit vorgestreckte, dicke Kopf.

Sperber
Kurze, stark gerundete Flügel und ein langer meist eng zusammengelegt getragener Schwanz sind die typischen Merkmale des fliegenden Sperbers. Der Flügelschlag ist hastig; beim Streckenflug folgt auf eine Reihe von Flügelschlägen eine kurze Gleitphase.

Mäusebussard
Der Mäusebussard wirkt im Fluge durch seine breiten Flügel und den verhältnismäßig kurzen und breiten, gerundeten Schwanz sehr kompakt und steif. Der Flügelschlag ist langsam und schwerfällig. Segelt häufig und ausdauernd in der Thermik.

Portraits und typische Flugbilder

Steinadler
Der Steinadler hat sehr lange und relativ schmale Flügel; die Flügelfläche verengt sich deutlich im körpernahen Bereich. Der mittellange, an der Wurzel helle Schwanz ist leicht gerundet. Beim Segelflug ist der Handfittich wie bei allen großen Adlern stark aufgefingert.

Mönchsgeier
Das Flugbild des Mönchsgeiers erinnert durch die brettartig breiten und langen Flügel an das des Gänsegeiers. Doch ist der Schwanz länger und keilförmig. In hoher Luft wirkt dieser größte europäische Geier sehr dunkel, fast schwarz.

Rohrweihe
In schwankend-gaukelndem Flug bewegt sich die Rohrweihe auf der Suche nach Beute über dem Schilfwald. In den Gleitphasen und beim Segelflug hält sie, wie andere Weihen, ihre Flügel V-förmig über die Horizontale.

Wanderfalke
Gedrungene, tropfenförmige Gestalt, lange, spitze Flügel und kurzer Schwanz kennzeichnen das Flugbild des Wanderfalken. Er fliegt mit raschen, flachen Flügelschlägen; segelt gelegentlich in der Thermik.

Turmfalke
Der Turmfalke zeigt im Flug lange, spitze Flügel und langen Schwanz. Beim Rütteln steht der Falke bei schräg aufgerichteter Körperlängsachse mit hastigen, relativ flachen Flügelschlägen und stark gefächertem Schwanz wie aufgehängt in der Luft.

Ein Mäusebussard fliegt seine Sitzwarte an. Von solchen erhöhten Punkten im Gelände lauert er auf Feldmäuse

Greifvögel und Eulen bestimmen

Die wenigen europäischen Eulenarten sind so verschieden in Größe, Körperform und Gefieder, daß ihre Bestimmung keine besonderen Schwierigkeiten bereitet. Greifvögel dagegen sind in manchen Fällen nur schwer eindeutig zu identifizieren. Das liegt daran, daß man sie oft nur in der Ferne oder im Flug sieht. Die richtige Zuordnung des Flugbildes ist dann die einzige Möglichkeit zur Artbestimmung. Was bei Singvögeln eine wesentliche, ja oft die entscheidende Bestimmungshilfe ist – die Stimme – spielt bei Greifvögeln eine ganz untergeordnete Rolle. Viel zu selten lassen Greifvögel ihre Stimme hören, und die lautlichen Unterschiede zwischen den Arten sind oft nicht sehr groß. Anders ist das bei den Eulen, auf sie werden wir in dunkler Nacht überhaupt nur durch ihre Stimmen aufmerksam. Zum Glück sind die Rufe und Gesangsstrophen der verschiedenen Eulenarten gut zu unterscheiden.

Ratschläge und Tips fürs Bestimmen

GU Kennfarben-Code als Bestimmungshilfe
Im folgenden Bestimmungsteil werden die Greifvögel und Eulen in den drei Verwandtschaftsgruppen (Ordnungen) vorgestellt, zu denen sie gehören:

Blauer Kennstreifen:
Auf den Seiten 48-97 finden Sie die Greife, tagaktive Jäger, die sich von lebender Beute oder von Aas ernähren. Sie töten ihre Beute durch Kneten mit den Fängen.

Roter Kenstreifen:
Auf den Seiten 98-115 finden Sie die Falken, tagaktive Jäger mit langen, spitzen Flügeln, die sich nur von lebender Beute ernähren, die sie durch Nackenbiß töten.

Grüner Kennstreifen:
Auf den Seiten 116-141 finden sie die Eulen, nachtaktive Jäger mit großen, nach vorne gerichteten Augen und weichem Gefieder, die ihre Beute durch Nackenbiß töten.

Die Auswahl der Arten
In diesem GU Naturführer finden Sie alle Greifvögel und Eulen, die in Europa vorkommen und brüten, in dem rund 10 Millionen Quadratkilometer großen Gebiet, das sich von der Atlantikküste im Westen bis zum Ural im Osten, von Island und Skandinavien im Norden bis zum Mittelmeer im Süden erstreckt. Kriterium für die Aufnahme in dieses Buch war das Vorkommen als Brutvogel in Europa, wenn auch nur in einem Randgebiet oder in kleinem Bestand.

Die Abbildungen
Die Farbfotos sind in freier Natur aufgenommen und zeigen die Arten mit ihren wichtigsten Bestimmungsmerkmalen, auch im Flug. Wo Männchen und Weibchen verschieden gefärbt sind, sind beide Geschlechter abgebildet.

Die Verbreitungskarten

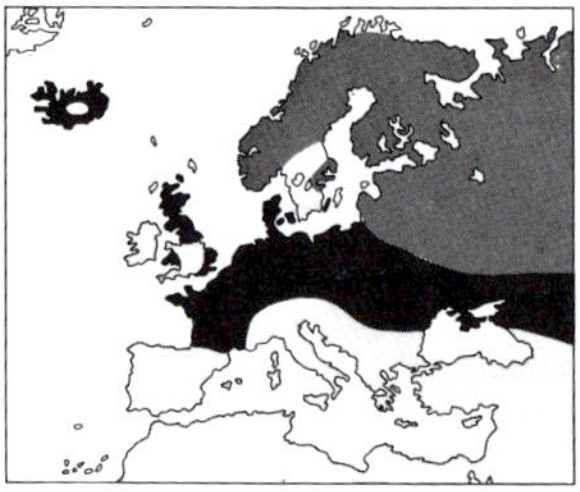

Die Verbreitungskarten zeigen, in welchen Gebieten die Vögel brüten und wo sie sich die übrige Zeit des Jahres aufhalten, sofern sie im Herbst Europa nicht verlassen.

Gebiete, in denen die Art das ganze Jahr über lebt

Gebiete, in denen die Art nur zur Brutzeit vorkommt

Gebiete, in denen die Art nur im Winter anzutreffen ist

Erläuterungen zum Bestimmungsteil

Die Steckbriefe
Die Beschreibungstexte enthalten knapp und präzise alle Angaben, die zur schnellen Identifizierung der Art wichtig sind.

Vogelnamen: Angegeben ist jeweils der deutsche und der wissenschaftliche Name der betreffenden Art. Im Farbbalken oben finden Sie den deutschen und wissenschaftlichen Namen der Vogelfamilie, zu der die betreffende Art gehört.

Jeder Steckbrief enthält die folgenden Angaben:

Kennzeichen: Die wichtigsten Körpermerkmale und Gefiederfarben von beiden Geschlechtern, Größe und Gewicht.

Flug: Hier wird das arttypische Flugbild beschrieben, wie es sich dem Beobachter bietet: Länge, Breite und Form der Flügel und des Schwanzes, Flügelhaltung bei Segel- und Gleitflug, Flügelbewegungen beim Ruderflug, Jagd und anderen Flugmanövern, Unterschiede zu nahe verwandten Arten.

Verbreitung: Angegeben ist die weltweite Verbreitung der Art, also das Vorkommen über das Gebiet Europas hinaus.

Lebensraum: Hier ist der Landschaftstyp angegeben, in dem die Art bevorzugt lebt und sich fortpflanzt.

Stimme: Unter diesem Stichwort sind die häufigsten Lautäußerungen beschrieben, die die betreffende Art in den verschiedenen Lebenslagen, wie Balz, Abwehr, Kontaktsuche, Alarm, Bettelrufe, von sich gibt.

Nahrung: Hier werden die wichtigsten Beutetiere und deren Häufigkeit im Nahrungsspektrum der betreffenden Art aufgeführt.

Brut: Hier sind angegeben die Besonderheiten des Nistplatzes und der Nestbauart, der Termin der Eiablage, Zahl der Eier im Gelege, Brutdauer und Nestlingszeit und Besonderheiten während der Brut.

Verhalten: Hier finden Sie besonders interessante Einzelheiten und typische Verhaltensweisen, die für die betreffende Art charakteristisch sind und das Bestimmen erleichtern. Außerdem erfahren Sie, ob es sich um einen Zug-, Stand- oder Strichvogel handelt.

Die Silhouetten
In Ergänzung zum Farbstreifen finden Sie die folgenden Silhouetten:

Greife

Falken

Eulen

Die Abkürzungen

cm Größenangaben in den Steckbriefen (Größe des ausgewachsenen Vogels von der Schnabel- bis zur Schwanzspitze)

g Gewichtsangaben in den Steckbriefen (Gewicht des erwachsenen Vogels)

Kennfarbe Blau

Greife

Die Greife sind die größte Verwandschaftsgruppe innerhalb der Ordnung der Greifvögel (Accipitriformes). Sie bilden zwei Familien, die Habichtartigen (Accipitridae) mit 224 Arten und die Fischadler (Pandionidae) mit nur 1 Art.
Greife sind – mit einer Ausnahme (→ Seite 10) – tagaktiv. Sie ernähren sich von Säugetieren, Vögeln und Fischen, aber auch von Reptilien, Amphibien, Insekten, Weichtieren und anderen Wirbellosen. Die Geier sind Aasfresser. Nur der afrikanische Palmengeier lebt fast rein vegetarisch.
Die Geschlechter sind bei den Greifen meist gleich gefärbt, doch sind die Weibchen oft größer und schwerer als die Männchen.

Mit weit vorgestreckten Fängen, alle Bremsflächen von Flügeln und Schwanz ausgefahren, landet dieses Sperber-Männchen auf einem Astknorren.

Fischadler (Pandionidae)

Fischadler auf der Sitzwarte

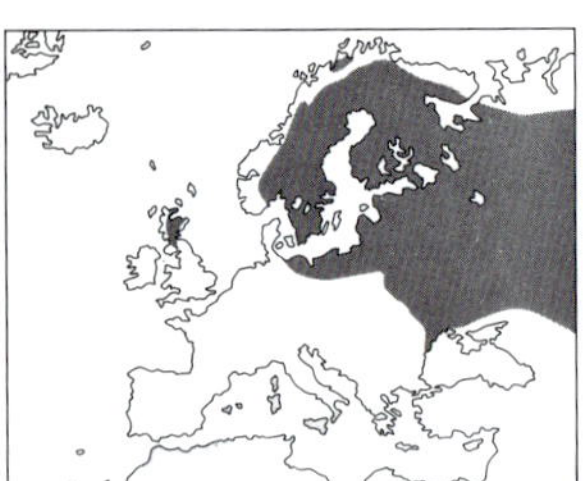

Fischadler

Pandion haliaetus

Kennzeichen: Größer als Mäusebussard. Ein kleiner „Adler“ mit weißem Kopf, breitem, dunklem Kopfseitenstreif, weißer Unterseite, geflecktem Kropfband, schwarzbrauner Oberseite. Auge dunkelgelb, Füße hell blaugrau. Beide Geschlechter gleich gefärbt.
51–58 cm, 1300–2000 g.
Flug: Im Flug durch seine schlanke Gestalt, die langen und schmalen Flügel, die stets – mit Ausnahme beim Segelflug – leicht gewinkelt getragen werden, und die blendendweiße Unterseite von allen anderen Greifvögeln gut zu unterscheiden. Bei der Nahrungssuche fliegt er mit langsamen, möwenartig weichen Flügelschlägen, rüttelt häufig, wenn er einen Fisch erspäht hat und stürzt, wenn die Gelegenheit günstig ist, mit weit vorgestreckten Fängen zur Wasseroberfläche herab. Guter Segelflieger, kann aber beim Zug auch große Strecken in aktivem Ruderflug zurücklegen. Beim Zug über die Alpenpässe ist der Fischadler zu allen Tageszeiten zu beobachten, da er von Thermik unabhängig ist.
Verbreitung: Mit Ausnahme von Arktis und Antarktis sowie Südamerika

Fischadler (Pandionidae)

Fischadler auf Nahrungssuche

über alle Erdteile verbreitet. In Westdeutschland Ende des 19. Jahrhunderts ausgerottet, in Ostdeutschland Brutvogel mit rund 120 Paaren. Ferner in Polen, Schweden, Norwegen und Finnland. Seit 1955 spontane Wiederansiedlung in Schottland.
Lebensraum: Eng ans Wasser gebunden; Meeresküsten, große Seen, Flüsse.
Stimme: Recht schweigsam, nur zur Brutzeit bei den Balzflügen ruft das Männchen durchdringend, schneidend „tjip tjip tjip tjip – jihp jihp…“. Sonst noch Rufe wie „kjück kjück…“.
Nahrung: Fast ausschließlich Fische bis maximal 2 Kilogramm Gewicht, meist jedoch mit einem Gewicht zwischen 150 und 350 Gramm; nur ganz ausnahmsweise Frösche, Vögel und Kleinsäuger.
Brut: Umfangreicher Horst hoch im Wipfel einzelstehender Bäume in Wassernähe, durch die abgerundete Form des Unterbaus und den hohen Stand schon von weitem zu erkennen. Ein einmal angelegter Horst wird oft jahrzehntelang benutzt. Eiablage Ende April/Anfang Mai, Gelege 3 (–4) Eier, Brutdauer 35 Tage, Nestlingszeit 50–58 Tage. Hauptsächlich brütet das Weibchen. Es wird vom Männchen versorgt und auch kurzzeitig beim Brüten abgelöst.
Verhalten: Trotz seiner täglichen, intensiven Wasserberührung badet der Fischadler noch zusätzlich. Er läßt sich dazu mit ausgebreiteten Flügeln auf der Wasserfläche nieder und macht dann minutenlang ausgebreitet, schwimmend Badebewegungen.

Habichtartige (Accipitridae)

Seeadler mit Elstern, die auf Reste der Beute warten

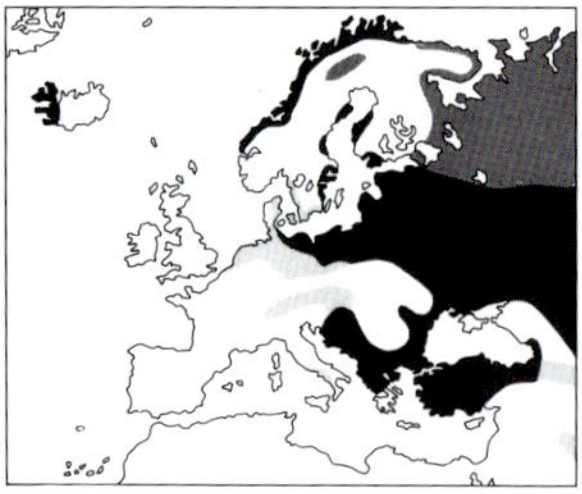

Seeadler

Haliaetus albicilla

Kennzeichen: Sehr großer, gedrungen gebauter Adler, von „blockig" wirkender Gestalt, mit breiten Schwingen, sehr kurzem, keilförmigem Schwanz und gewaltigem, gelbem Schnabel. Beide Geschlechter gleich gefärbt, Weibchen jedoch deutlich größer als Männchen. Jungvögel haben in den ersten Jahren einen dunklen (nicht weißen) Schwanz. Mit zunehmendem Alter werden Kopf und Hals heller. 70–91 cm, Männchen um 4000 g, Weibchen 5500–7000 (7550) g.

Flug: Das Flugbild des Seeadlers ist gekennzeichnet durch die sehr breiten Flügel und den kurzen, keilförmigen Schwanz. Der im Aufwind segelnde Vogel wirkt daher von unten gesehen wie ein breites Brett, das am Himmel dahintreibt. Dieser Eindruck entsteht dadurch, daß Vorder- und Hinterrand der Flügel nahezu parallel verlaufen, so daß die Schwingen fast in ihrer ganzen Länge gleich breit erscheinen. Wie bei allen großen Adlern und Geiern ist der Handfittich beim Segelflug stark aufgefingert. Hals und Kopf werden im Flug weit vorgestreckt.

Verbreitung: Von Nord-, Ost- und Südeuropa ost-

Habichtartige (Accipitridae)

Seeadler beim Segelflug mit aufgefingertem Handfittich

wärts bis Kamtschatka, Anadyr, Nordchina und Japan. Südwestgrönland. In den meisten Ländern Europas ausgerottet, in Westdeutschland 12, in Ostdeutschland 174 Brutpaare.
Lebensraum: Felsige Meeresküsten, große Seen und Flüsse, Wald in Wassernähe, Tundra.
Stimme: Sehr stimmfreudig, besonders zur Brutzeit. Männchen rufen jauchzend, aneinandergereiht und ansteigend, rauh bellend „krau“ oder „kjau“. Das Weibchen ruft tiefer und rauher.
Nahrung: Sehr vielseitig, vorwiegend Fische bis 8 Kilogramm Gewicht, ferner Wasservögel wie Bläßrallen, Taucher, Enten, Gänse, Möwen bis zur Größe von Schwan und Kranich, Säugetiere von Mäusen bis Jungfüchsen, Rehkitzen und frisch gesetzten Robben.
Brut: Horst auf hohen Bäumen. Eiablage Mitte Februar/Anfang März. Meist 2, selten 3 Eier. Brutdauer 38 – 42 Tage, Nestlingszeit 80–90 Tage. Beide Geschlechter brüten.
Verhalten: Seeadler leben in Dauerehe, die alten Brutpaare halten sich ganzjährig in ihren Revieren auf. Seeadler sind geselliger als viele andere große Greifvögel. Sie sind gewandte Jäger, die erstaunlich manövrierfähig sind und ausnahmsweise Vögel selbst im Flug schlagen (Kranich, Graugans). Bei der Jagd auf Wasservögel, Bläßrallen, Enten und Taucher, arbeiten die Gatten häufig zusammen, indem sie wechselweise das Opfer zu ständigem Tauchen zwingen und es damit ermüden.

Rotmilan

Rotmilan

Milvus milvus

Kennzeichen: Größer und schlanker als Mäusebussard, mit viel längeren Flügeln und langem, tiefgegabeltem, rostrotem Schwanz. Rotbraune Oberseite, Unterseite heller rostrot mit dunkler Strichelung, Kopf hellgrau. Beide Geschlechter gleich gefärbt.
61 cm, 900–1200 g.
Flug: Der lange, tiefgegabelte, rostrote Schwanz ist das beste Bestimmungsmerkmal des fliegenden Rotmilans. Der tiefe Einschnitt ist in allen Fluglagen, auch bei eng zusammengelegtem oder stark gespreiztem Schwanz, noch deutlich sichtbar. Flügel lang und schmal, meist mehr oder weniger stark gewinkelt, mit auffälligen hellen Flecken im sonst schwarzen Handfittichbereich. Der Schwanz wird beim Steuern häufig seitlich verdreht. Fliegt schwerelos mit elastischen, seeschwalbenartig leichten, tiefausholenden Flügelschlägen, zwischen denen der Körper auf- und abschwingt.
Verbreitung: Von den Kanarischen Inseln und Marokko ostwärts bis Weißrußland, die Ukraine und Armenien. Zentrum der größten Siedlungsdichte ist der Hakel in der Magde-

Rotmilane im Flug, deutlich sichtbar der tiefgegabelte Schwanz und die hellen Flecken im Flügel

burger Börde, ein nur 13 km^2 großes, isoliertes Waldgebiet. In England und Schottland wurde der Rotmilan durch gnadenlose Verfolgung im 19. Jahrhundert ausgerottet, nur ein kleiner Restbestand (etwa 12 Vögel) in Wales blieb erhalten. Seit 1989 wurden 70 aus Schweden und Spanien stammende Rotmilane nach der Wildflugmethode in Schottland und England wieder angesiedelt.

Lebensraum: Laubwälder mit altem Baumbestand, die mit offenem Gelände und großen Gewässern abwechseln. Weniger streng an Wasser gebunden als der Schwarzmilan.

Stimme: Ruft bussardartig, aber sanfter, gedehnt „hiäh“ oder „piie“. Beim Balzflug wimmernde Trillerstrophe.

Nahrung: Mäuse, Hamster und andere Kleinnager, Vögel bis Haushuhngröße, tote Fische, Eidechsen, Blindschleichen, Frösche, Heuschrecken, Käfer, Raupen. Schmarotzt häufig bei anderen Greifvögeln.

Brut: Baumhorst mit flacher Mulde, die mit Lumpen, Papier und anderen Abfällen ausgepolstert wird. Eiablage Mitte April bis Mitte Mai, Gelege 3 (–4) Eier. Brutdauer 28–30 Tage, Nestlingszeit 45–50 Tage. Nur das Weibchen brütet, es wird jedoch vom Männchen gefüttert.

Verhalten: Der Rotmilan ist ein ausgesprochener Kleintierjäger, der größere Beute meist nur in stark behinderter Verfassung überwältigen kann. Gebietsweise ist er nahezu völlig auf das Schmarotzen bei anderen Greifvögeln eingestellt.

Schwarzmilan im Horst mit Jungen

Schwarzmilan

Milvus migrans

Kennzeichen: Kleiner und gedrungener gebaut als Rotmilan, viel dunkler. Oberseite dunkelbraun, Unterseite rötlichbraun, Kopf und Nacken heller. Schwanz nur schwach gegabelt. Beide Geschlechter gleich gefärbt.
56 cm, 750–900 g.
Flug: Das Flugbild des Schwarzmilans gleicht oberflächlich dem des Rotmilans, ist jedoch an folgenden Merkmalen zu unterscheiden: Der Schwarzmilan ist kleiner und immer viel dunkler einheitlich braunschwarz. In der Luft wirkt der Vogel schwärzlich. Der Schwanz ist nur schwach gegabelt, sein Einschnitt ist bei starker Spreizung, zum Beispiel beim Segelflug, kaum wahrnehmbar, so daß der Schwanz eckig wirkt. Körper und Schwingen sind gedrungener als beim Rotmilan, der Schwanz ist kürzer. Beim Gleit- und Segelflug sind die Flügel stets gewinkelt; der Handteil wird unter der Horizontale gehalten. Kopf meist leicht nach unten mit Blickrichtung zum Boden orientiert.
Verbreitung: Europa, Asien, Afrika, Ostindonesien, Neuguinea, Australien. Häufigster Greifvogel der Erde, in Europa ist er jedoch selten geworden, er-

Schwarzmilan: die schwache Schwanzgabelung verschwindet bei starker Spreizung fast völlig

reicht aber an den Schweizer Seen eine hohe Siedlungsdichte.
Lebensraum: In Europa vorwiegend wald- und seenreiche Landschaften, Auwälder.
Stimme: Ruft bussardartig „hiäh-", in der Brutzeit wieherndes Trillern, dem des Rotmilan ähnlich, aber härter.
Nahrung: Vorwiegend tote und kranke Fische, die er im Darüberweggleiten von der Wasseroberfläche aufnimmt; ferner Kleinsäuger, Frösche, kleine und mittelgroße Vögel, die er anderen Greifvögeln abjagt. Kadaver aller Art, oft an Müllkippen.
Brut: Flacher Horst auf höheren Bäumen, übernimmt auch alte Nester von anderen Greifvögeln und baut sie aus. Die Mulde wird mit Lumpen, Papier, Fellstücken und anderen Abfallstoffen ausgekleidet. Eiablage Mitte April bis Mitte Mai. Gelege 2–3 (–4) Eier. Brutdauer 28–32 Tage, Nestlingszeit 40–45 Tage. Beide Partner brüten.
Verhalten: Der Schwarzmilan ist weit stärker als der Rotmilan an Wasser und Fischnahrung gebunden. In ausdauerndem Suchflug bewegt er sich über den Wassserflächen aber auch über angrenzendem, freiem Gelände und stürzt sich in jäher Wendung auf seine Beute. Bei Fischsterben ist er sofort zur Stelle. Er fängt aber auch fliegende Insekten und verzehrt sie in der Luft. Häufig schmarotzt er auch bei anderen Greifvögeln und Reihern, die er solange bedrängt, bis sie ihre Beute fallenlassen oder gar auswürgen.

Habichtartige (Accipitridae)

Gleitaar

Gleitaar im Rüttelflug

Der Gleitaar ist in Europa nur mit kleinen Brutvorkommen in West-Spanien und Portugal vertreten. In den anderen Ländern ist er seltener Irrgast.

Gleitaar

Elanus caeruleus

Kennzeichen: Etwa turmfalkengroß, Oberseite blaugrau, Unterseite weiß, schwarze Schultern, kurzer, schwach gegabelter Schwanz, lange Flügel, dicker Kopf, rote Augen. Beide Geschlechter gleich gefärbt. 33 cm, 230–240 g.

Flug: Gleitet mit gewinkelten und weihenartig angehobenen Flügeln. Der dicke, eulenartige Kopf wird weit vorgestreckt. Rüttelt ständig und ausdauernd mit schnellen, flachen Flügelschlägen.

Verbreitung: Afrika, Südwestasien, Indien, Sri Lanka, Indochina, Ostneuguinea. In Europa nur in Südportugal seltener Brutvogel.

Lebensraum: Savannen, Steppen, Halbwüstengebiete.

Stimme: Wenig stimmfreudig, zur Brutzeit bussardartig „pii ä“, in Erregung heiseres „kii räck“.

Nahrung: Kleine Nagetiere, Reptilien, Insekten.

Brut: Kleines, locker gebautes Nest in dornigen Bäumen. Eiablage in Portugal im April. Gelege 3–4 Eier, Brutdauer 25–28 Tage, Nestlingszeit 30–35 Tage. Weibchen brütet allein.

Verhalten: Sitzt gerne auf Überlandleitungen, Telegrafendrähten und trockenen Baumspitzen.

Schlangenadler am Horst

Schlangenadler sind an ein reiches Vorkommen von Reptilien gebunden. Schlangen werden mit dem Vorderende voran verschlungen.

Schlangenadler im Segelflug

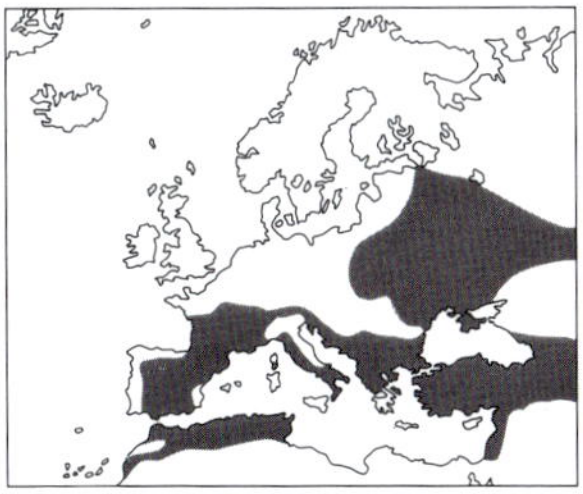

Schlangenadler

Circaetus gallicus

Kennzeichen: Kleiner Adler mit dickem, weihenähnlichem Kopf und gelben Augen. Unterseite hell, Kopf und Brustlatz dunkel abgesetzt. Beide Geschlechter gleich gefärbt. 63–69 cm, 1500–2300 g.
Flug: Ausgezeichneter Segelflieger, der sich von der Thermik in weiten Kreisen emportragen läßt. Steht bei leichtem Wind oft drachenartig an einer Stelle. Ruderflug eulenartig weich, fast nur nach dem Start und auf dem Zug.
Verbreitung: Von Afrika und dem südlichen und östlichen Europa bis zur Nordmongolei und Indien.
Lebensraum: Offene, trockene Landschaft mit einzelnen, hohen Bäumen, Macchie, Heideflächen.
Stimme: Ruft klagend „dji", beim Balzflug weiche Rufreihen wie „gjü – gjü".
Nahrung: Hauptsächlich Schlangen, aber auch Eidechsen und Blindschleichen, selten Kleinsäuger und Vögel.
Brut: Baumhorst. Eiablage April/Mai, Gelege 1 Ei, Brutdauer 45 (–47) Tage, Nestlingszeit 70–75 Tage. Beide Partner brüten.
Verhalten: Sucht seine Beute in ausdauerndem Segelflug. Rüttelt häufig mit stark gespreiztem Schwanz.

Habichtartige (Accipitridae)

Das Sperberweibchen (Jugendkleid) hat eine Mönchsgrasmücke erbeutet

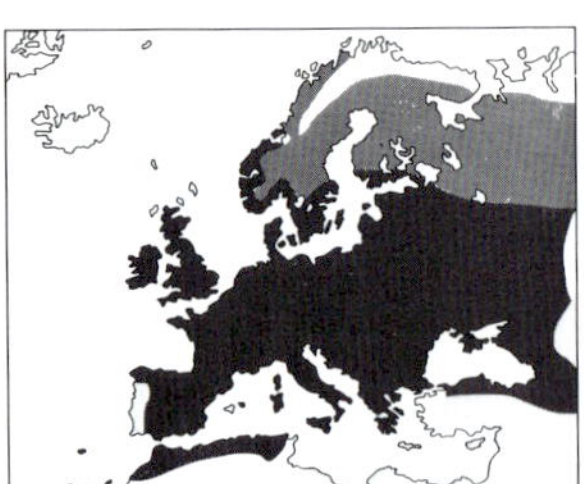

Sperber

Accipiter nisus

Kennzeichen: Weibchen etwa turmfalkengroß, Männchen (Terzel) um fast ein Drittel kleiner und nur gut drosselgroß. Habichtartiges Erscheinungsbild. Männchen: Oberseite dunkel blaugrau oder schiefergrau, Unterseite weiß mit rostfarbener Querwellung. Brust und Bauch erscheinen oft einheitlich rostrot. Weibchen: Oberseite graubraun bis schiefergrau, Unterseite graubraun quergebändert, weißer Überaugenstreif. Schnabel blaugrau, Wachshaut gelb, Füße gelb, Iris beim Weibchen dunkelgelb bis orangegelb, beim Männchen orangegelb bis orangerot. Jungvögel mit brauner Oberseite und unregelmäßig quergebänderter Unterseite.
28–38 cm, 140–260 g.
Flug: Die kurzen, gerundeten Flügel und der lange, gerade abgeschnittene Schwanz, der auch beim Segeln in der Thermik nicht gefächert wird, kennzeichnen das Flugbild des Sperbers. Beim Streckenflug folgt auf eine Reihe rascher Flügelschläge eine kurze Gleitphase. Weibchen zeigen sich im Frühjahr, aber auch zu anderen Jahreszeiten häufig allein beim Segeln im Aufwind.
Verbreitung: Norden von

Habichtartige (Accipitridae)

Ein Sperberweibchen füttert seine Jungen mit kleinen Beutestückchen

Europa, Asien, Afrika. Von den Kanaren und Nordwestafrika bis Kamtschatka und Nordjapan.
Lebensraum: Nadelwald, der mit offenem Gelände abwechselt, nur selten in reinem Laubwald. Jagt auch in den Randgebieten der Ortschaften, oft sogar im Inneren der Städte und Dörfer.
Stimme: Außerhalb der Brutzeit, im Winter und auf dem Zuge meist stumm. Im Rufkontakt zwischen Männchen und Weibchen, bei der Beuteübergabe und anderen Kontakten, ausgedehnte Reihen von spitzen „gigigigi"-Rufen. Ähnlich, aber in rascherem Tempo lassen die Vögel diese Rufreihen auch bei Störungen am Horst hören. Beim girlandenförmigen Balz (Schau-)flug ein weiches, nach oben gezogenes „gjü-gjü". Jungvögel betteln mit hellen „ki-kji-kji"-Lauten.
Nahrung: Der Sperber ist ein ausgesprochener Vogeljäger, über 90% seiner Beute besteht aus Vögeln. Säugetiere werden viel seltener gefangen, doch gibt es Sperber, vor allem Weibchen, die sich zeitweise vorwiegend von Mäusen ernähren. Auch intensive, allabendliche Jagd eines Weibchens auf Fledermäuse konnte beobachtet werden. Das Beutespektrum eines Sperberweibchens bewegt sich zwischen den Größenklassen von Goldhähnchen und Zaunkönig bis zu Eichelhäher, Haustaube, Ringeltaube und selbst Austernfischer. Der viel kleinere, aber sehr gewandte Terzel bewältigt nur Vögel bis Drosselgröße. Entflogene Wellensittiche enden sehr

Sperber, Flugbild

Sperber ernähren sich in der Hauptsache von Vögeln, die sie im Überraschungsangriff schlagen. Die Beute wird auf dem Boden oder einem Baumstumpf gerupft.

Sperbermännchen im Winter

häufig in Sperberfängen, wie Rupfungen beweisen. Sehr große Beute, wie etwa Haustauben, können Sperberweibchen oft nicht sofort töten, da ihre Fänge zu schwach sind. Sie beginnen dann den Vogel zu rupfen und fressen ihn noch lebend an.
Brut: Der Horst wird meist im Fichtenstangenholz in der Nähe des Stammes angelegt. Am Nestbau beteiligen sich beide Partner, das Weibchen ist aber emsiger. Eiablage April/Mai, Gelege 5–7 Eier, Brutdauer 34 Tage, Nestlingszeit 24–30 Tage. Das Weibchen brütet allein, wird jedoch vom Männchen mit Nahrung versorgt. Sperber leben in Einehe und halten oft ihr Leben lang zusammen.
Verhalten: Auf der Jagd beschleunigt der Sperber mit sehr schnellen Flügelschlägen zu hohem Tempo und überholt auch schnellfliegende Vögel, bevor diese über ihre Startgeschwindigkeit hinausgelangt sind. Über Baumhöhe fliegende Vögel werden in der Regel nicht mehr angegriffen. Die meisten Jagden finden in Bodennähe oder in einem Bereich bis zu vier Meter über dem Boden statt. Durch die Heftigkeit ihrer Angriffe verunglücken Sperber häufig durch den Anflug auf Fensterscheiben, manchmal zusammen mit der verfolgten Beute. Sperber sind Strich- und Zugvögel, die aus dem Norden ihres Verbreitungsgebietes im Winter teilweise nur bis Mitteleuropa, meist jedoch bis Südwesteuropa und Nordwestafrika ziehen.

Kurzfangsperber, Männchen bringt Laub zum Horst

Kurzfangsperber, Weibchen

Der Kurzfangsperber kommt im Laubwald vor, vor allem in Eichen-, Edelkastanien- und Schwarzerlengehölzen.

Kurzfangsperber

Accipiter brevipes

Kennzeichen: Größer als Sperber, deutlich kurzbeiniger und kurzschwänziger. Männchen mit grauen Wangen (nicht rostfarben wie beim Sperber), Oberseite heller grau, Unterseite weißlich mit blaßrötlicher Sperberung, Weibchen dem Sperberweibchen ähnlich, aber grauer im Farbton. Augen rotbraun, nicht gelb.
33–38 cm, 160–230 g.
Flug: Fliegt weicher und mit weniger hastigen Flügelschlägen als der Sperber, segelt ausdauernd im Aufwind.
Verbreitung: Von Südosteuropa bis Südiran.
Lebensraum: Ausgesprochener Laubwaldbewohner.
Stimme: Ruft schnell aneinandergereiht „awick-awick-awick".
Nahrung: Weniger Vögel, mehr Kleinnager als Sperber, Reptilien, Käfer, Heuschrecken.
Brut: Baumhorst. Eiablage Mai/Juni. Gelege 4–5 Eier. Brutdauer 31–34 Tage, Nestlingszeit 30–35 Tage. Weibchen brütet allein.
Verhalten: Geselliger als der Sperber, zieht oft in kleinen Trupps (bis zu 20 Vögel). Im Brutgebiet stehen die Horste oft nur 100–200 m voneinander entfernt.

Habichtartige (Accipitridae)

Habicht-Weibchen am Horst mit Jungen

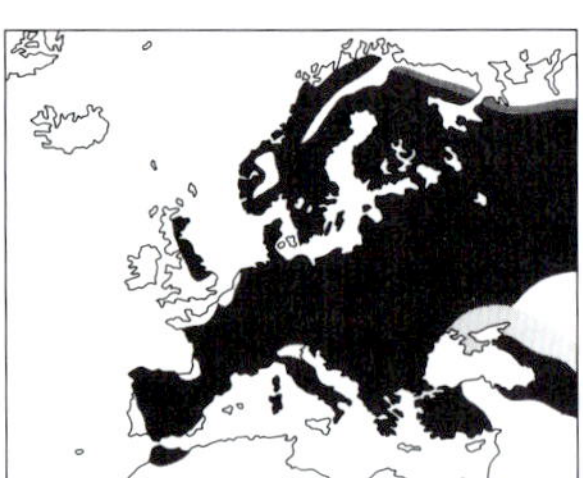

Habicht

Accipiter gentilis

Kennzeichen: Auffälliger Größenunterschied zwischen Weibchen (bussardgroß) und Männchen (etwa ein Drittel kleiner). Geschlechter verschieden gefärbt, Oberseite beim Männchen graubraun, Weibchen schiefergrau, Unterseite bei Altvögeln eng gebändert, bei Jungvögeln mit dunkelbrauner Tropfenzeichnung.
48–61 cm, Männchen 650–770 g, Weibchen 1100–1250 g.
Flug: Das Flugbild des Habichts ist gekennzeichnet durch die kurzen, gerundeten Flügel und den langen Schwanz, der meist eng zusammengelegt getragen wird. Flügelschlag schneller als beim Mäusebussard, auf 4–5 rasche Flügelschläge folgt eine kurze Gleitphase. Zu Beginn der Brutzeit steigen die Paare zum Balzflug hoch in die Luft und zeigen rasante Sturzflüge und wiederholtes, fast senkrechtes Aufsteilen mit angelegten Flügeln.
Verbreitung: Europa, Asien, Nordafrika. In Europa von der nördlichen Waldgrenze bis Marokko. In Nordamerika von der Waldgrenze in Alaska und Nordkanada bis Nordmexiko.
Lebensraum: Ausgesprochener Waldbewohner, der

Habichtartige (Accipitridae)

Altvogel (Weibchen) mit enggebänderter Unterseite

Junghabicht im Flug mit eng zusammengelegtem Steuer

Das Habichtweibchen ist wesentlich größer und schwerer als das Männchen. Es kann daher größere und auch wehrhaftere Beute schlagen. Die Obergrenze seines Beutespektrums liegt bei Graureiher, Auerhuhn und Feldhase.

lockeren Nadelwald bevorzugt. Auch in Stadtrandbezirken mit abwechslungsreichem Baumbestand.
Stimme: Im Vergleich zum Mäusebussard recht schweigsam, nur am Nest stimmfreudiger. Ruft dort bussardartig „hii-äh" mit Betonung auf der ersten Silbe. Bei Störungen am Brutplatz gickernde Rufreihen wie „gigigigigigig"- (Kirren). Ferner kurze Rufe wie „jük" oder „gäk". Jungvögel in der Bettelflugphase weithin hörbares Lahnen.
Nahrung: Sehr vielseitig, von Auerhühnern und Hasen bis zu Goldhähnchen und Mäusen. Das größere Weibchen erbeutet mehr Säugetiere und große Vögel, das kleinere Männchen ist meist ein ausgesprochener Vogeljäger (Tauben, Eichelhäher, Drosseln).
Brut: Der Horst steht im Kronenbereich hoher Bäume am Waldrand oder am Rand von Lichtungen. Jedes Paar verfügt in der Regel über mehrere Horste, zwischen denen es von Jahr zu Jahr wechselt. Eiablage zwischen Ende März und Ende April. Gelege 2–5 (–6) Eier, Brutdauer 35–40 Tage, Nestlingszeit 36–40 Tage. Das Weibchen brütet allein und wird vom Männchen mit Nahrung versorgt.
Verhalten: Der Habicht ist ein ausgesprochener Einzelgänger, der außerhalb der Brutzeit keinen Kontakt zu Artgenossen unterhält. Beim Jagdflug beschleunigt er in wenigen Sekunden zur Höchstgeschwindigkeit. Die Beute wird meist schon im ersten Überraschungsmoment überrumpelt und geschlagen.

Habichtartige (Accipitridae)

Wespenbussard mit ausgegrabener Wespenwabe, dunkle Morphe

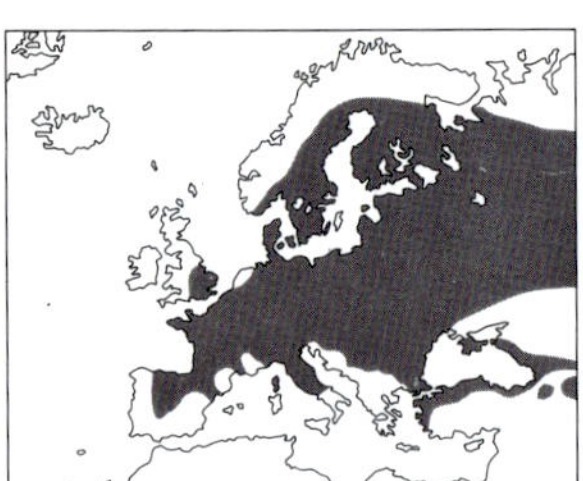

Wespenbussard

Pernis apivorus

Kennzeichen: Schlanker, bussardgroßer Greifvogel, Flügel und Schwanz länger als beim Mäusebussard (→ Seite 68), Kopf kleiner und schmaler. Färbung sehr variabel: Oberseite meist dunkelbraun, Unterseite heller bis fast reinweiß mit rotbraunen Flecken oder dunkler Bänderung, auch ganz dunkel kaffeebraun. Kopf bräunlich oder hellgrau. Schwanz mit drei dunklen Binden, eine am Ende, zwei an der Wurzel der Steuerfeder. Schnabel schwarz bis grau, Wachshaut beim Altvogel schwarz, beim Jungvogel gelb, Füße gelb, Iris beim Jungvogel graubraun, beim Altvogel gelb bis orangerot. Beide Geschlechter gleich gefärbt, Weibchen etwas größer.
51–58 cm, 800–950 g.

Flug: Flugbild ähnlich wie Mäusebussard, jedoch längere, schmalere Flügel, längerer Schwanz mit drei dunklen Binden und taubenartig vorgestreckter Kopf.

Verbreitung: Von Westeuropa (Portugal) bis nach Westsibirien.

Lebensraum: Lockere Wälder, vor allem Laubwälder, die an Wiesen grenzen, und anderes halboffenes Gelände. In der Schweiz und Österreich bis 1500 m.

Wespenbussardpaar am Horst

Wespenbussard, Flugbild

Schon die kleinen Nestlinge werden mit Wespenlarven gefüttert, die von den Eltern in den Waben zum Horst getragen werden. In regenreichen, naßkalten Sommern verhungern oft alle Jungen, da die Altvögel nicht genug Wespenbrut finden.

Wespenbussard, helle Morphe

Stimme: Zur Brutzeit ruffreudig, laute, kläglich klingende Rufe wie „wieh" oder dreisilbig „düdlilüh", in Erregung „kikiki".
Nahrung: Hauptnahrung sind die Larven von Wespen und Hummeln, deren Waben er aus den Nestern scharrt. Bei Nahrungsmangel in Schlechtwetterperioden auch andere Insekten (Käfer, Grillen), Jungvögel, Mäuse, Frösche und Eidechsen.
Brut: Der Horst wird auf hohen Bäumen (15–20 m über dem Boden) meist am Waldrand angelegt und ist eine lockere Konstruktion, die bei der Neuanlage in wenigen Tagen errichtet wird. Oft benutzen die Vögel aber auch alte Horste anderer Greifvögel oder Krähen- oder Kolkrabennester. Typisch für den Horst ist die reiche Ausstattung mit grünen Zweigen (Horstbegrünung), die auch während der Bebrütung und Jungenaufzucht noch eingetragen werden. Beide Partner beteiligen sich am Horstbau. Eiablage Mai/Juni, Gelege 2 Eier, die im Abstand von 3 Tagen abgelegt werden, Brutdauer 33 Tage, Nestlingszeit 40–46 Tage. Das Weibchen wird beim Brüten gelegentlich vom Männchen abgelöst.
Verhalten: Beim Ausgraben der Wespen- und Hummelnester mit den Füßen kann der Wespenbussard im Eifer seiner Tätigkeit fast ganz im Boden verschwinden. Er wird dabei leicht vom Habicht überrascht und geschlagen. Der Wespenbussard überwintert in Äquatorial- und Südafrika, wohin er ab August oft in großen Gruppen zieht.

Zwei Mäusebussarde streiten um einen Fleischbrocken

Mäusebussard

Buteo buteo

Kennzeichen: Häufigster Greifvogel in Mitteleuropa, von gedrungener Gestalt mit rundlichem Kopf und relativ kurzem, breitem und enggebändertem Schwanz (8–12 Querbänder). Färbung sehr variabel von fast weiß bis dunkelbraun, Oberseite meist braun, Unterseite hellbraun mit dunkler Längs- und Querzeichnung. Beide Geschlechter gleich gefärbt, Weibchen jedoch etwas größer.
51–56 cm, 600–1150 g.
Flug: Fliegt plump und langsam mit schweren, etwas steif wirkenden Flügelschlägen; gleitet auf horizontal gehaltenen Schwingen. Beim Segelflug im Aufwind werden die Flügel über die Horizontale gehoben, die Spitzen der Handschwingen sind zusätzlich aufwärts gebogen. Der kompakte Eindruck des Flugbildes wird noch durch den eingezogenen, breiten Kopf verstärkt. Rüttelt im Gegensatz zum Rauhfußbussard nur selten.
Verbreitung: Von den Kapverdischen Inseln, Azoren und Kanarischen Inseln durch ganz Europa und Asien bis Japan, Himalaya und Westchina.
Lebensraum: Nahezu alle Formen des hochstämmigen, nicht zu dichten Wal-

Flugbild des Mäusebussards: breite Flügel, kurzer Schwanz, aufgefingerter Handfittich

des, vom kleinen Feldgehölz bis zum Auwald. Jagt in offenem Gelände.
Stimme: Ruft, vor allem zur Balz- und Brutzeit, katzenartig „hiääh". Rufreihen der Partner am Horst „kwaje kwaje". Alarmruf ein scharfes „piäh".
Nahrung: Vorwiegend Kleinnager, seltener auch Junghasen, Vögel, Reptilien, Frösche und Insekten, in Notzeiten auch Aas.
Brut: Der flache und recht umfangreiche Horst wird in der Regel auf einem hohen Baum in nicht zu dichtem Hochwald angelegt. Eiablage im April/Mai, Gelege 2–3 Eier, Brutdauer 33–35 Tage, Nestlingszeit 40–49 Tage. Das Weibchen brütet allein, das Männchen löst es nur kurzzeitig ab. Nach dem Ausfliegen verstreichen die Jungbussarde meist aus Mitteleuropa in westlicher Richtung.
Verhalten: Der Mäusebussard sitzt häufig auf niedrigen Warten – Weidezäune, Heuhaufen, Erdschollen oder auf den unteren Ästen eines einzelstehenden Baumes – und lauert auf kleine Wirbeltiere, die er aus dem Gleitflug heraus fängt. Häufig segelt er auch über seinem Jagdgebiet und stößt auf seine Beute herab. Man kann den Mäusebussard, vor allem im Winter, oft an Straßenrändern sitzen sehen, wo er nach überfahrenen Tieren Ausschau hält. Gut zu beobachten sind im Frühjahr die Balzflüge: Beide Partner segeln mit weitschallenden „hiääh"-Rufen über ihrem Horstrevier. Jungvögel sind Teilzieher, Altvögel Standvögel, skandinavische Mäusebussarde sind Zugvögel.

Rauhfußbussard am Horst

Rauhfußbussard, Flugbild

Der Rauhfußbussard ist in Mitteleuropa regelmäßiger Wintergast. In Deutschland erscheinen die Überwinterer in der zweiten Septemberhälfte oder im Oktober und ziehen im Februar/März wieder in ihre Brutgebiete zurück.

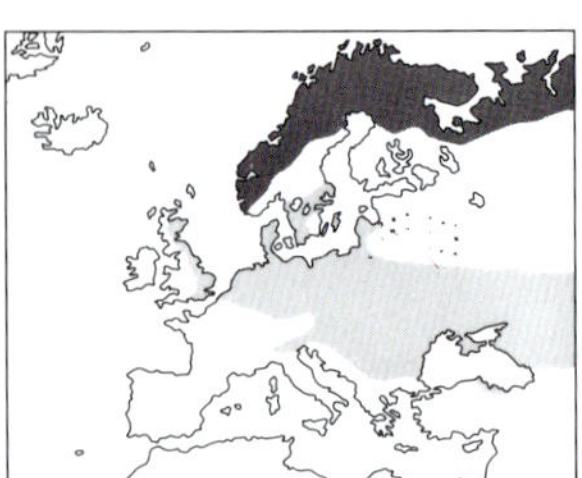

Rauhfußbussard

Buteo lagopus

Kennzeichen: Etwas größer als der Mäusebussard (→ Seite 68). Beide Geschlechter gleich gefärbt, Oberkopf, Nacken und Kopfseiten stets weißlich, Rücken variabel grob gemustert, Unterseite hell, Füße bis zum Zehenansatz befiedert.
51–61 cm, 800–1300 g.
Flug: Unterscheidet sich im Flug vom ähnlichen Mäusebussard durch seinen ungebänderten, hellen Schwanz mit abgesetzter Endbinde, helle Flügelunterseiten mit scharf umgrenztem dunklem Fleck in der Nähe des Bugs und längere Flügel.
Verbreitung: Von Skandinavien über Nordrußland und Sibirien bis Kamtschatka; nördliches Nordamerika.
Lebensraum: Bergregionen und Tundren nördlich der Waldgrenze; im Winter in Mitteleuropa auf Feldern und Wiesen.
Stimme: Ähnlich wie Mäusebussard (→ Seite 69).
Nahrung: Kleine Wirbeltiere.
Brut: Je nach Lebensraum Fels-, Baum- und Bodenhorste. Eiablage Mai/Juni. Gelege 3–5 Eier, Brutdauer 28–31 Tage, Nestlingszeit 41–43 Tage.
Verhalten: Sitzt bei der Ansitzjagd im Feld auf Erdhaufen oder anderen Erhebungen.

Adlerbussard, Flugbild

Adlerbussard am Horst mit Jungen

Der Adlerbussard kommt in Mitteleuropa nur im ungarischen Tiefland und im östlichen Österreich vor.

Adlerbussard

Buteo rufinus

Kennzeichen: Größer und langbeiniger als Mäuse- (→ Seite 68) und Rauhfußbussard (→ Seite 70). Gefieder sehr variabel, Oberseite rotbraun mit dunklen Flecken, Schwanz zimtfarbig, ungebändert (bei Jungvögeln gebändert). Beide Geschlechter gleich gefärbt, Weibchen größer. 53–64 cm, 1100–1500 g.

Flug: Adlerartiges Flugbild. Vom Mäusebussard durch längere und breitere Flügel und den ungebänderten Schwanz zu unterscheiden.

Verbreitung: Von Südosteuropa und Nordafrika ostwärts bis Transbaikalien.

Lebensraum: Trockensteppen, Halbwüsten und felsige Gebirge.

Stimme: Bussardähnlich, wenig stimmfreudig.

Nahrung: Kleine bis mittelgroße Säugetiere, Eidechsen und Schlangen, im Hochsommer auch große Insekten (Heuschrecken).

Brut: Fels-, Boden- und Baumhorste. Eiablage März/April, Gelege 3–4 Eier, Brutdauer 25–27 Tage, Nestlingszeit 40–42 Tage.

Verhalten: Einzelgänger. Zugvogel. Nach der Brutsaison ziehen die Vögel in kleinen Trupps in ihre afrikanischen und südasiatischen Winterquartiere.

Dunkle Morphe des Zwergadlers

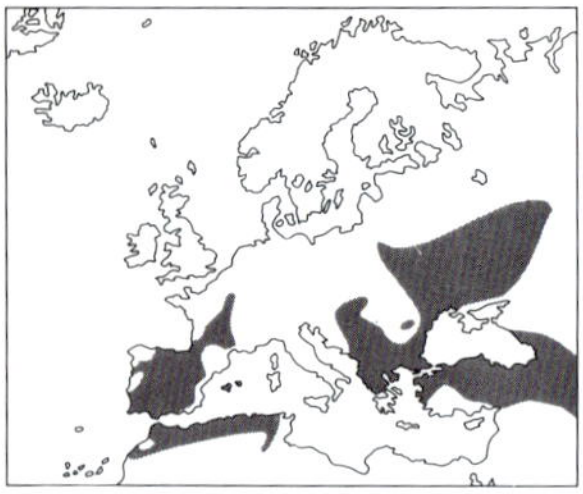

Zwergadler

Hieraaetus pennatus

Kennzeichen: Etwa so groß wie Mäusebussard (→ Seite 68), tritt in zwei Farbvarianten auf: helle Morphe oberseits graubraun, unterseits ockerfarben; dunkle Morphe einfarbig dunkelbraun mit hellerem Schwanz. Beide Geschlechter gleich gefärbt, Weibchen größer. 46–52 cm, 700–1100 g.
Flug: Vom Mäusebussard durch viel schmälere Flügel und den längeren, schmäleren, weniger stark gefächerten, gerade abgeschnittenen Schwanz gut zu unterscheiden.
Verbreitung: Von Nordwestafrika und Südwesteuropa bis Transbaikalien, die Mongolei und Westpakistan. In Mitteleuropa nur noch wenige Brutplätze in den Tschechoslowakischen Karpaten und im Ungarischen Tiefland.
Lebensraum: Wälder, die mit Buschland und offenen Flächen abwechseln.
Stimme: Sehr ruffreudig, an- und abschwellende Rufreihen „wi-wiwi-wügjügjüjüg".
Nahrung: Reptilien, Vögel und Kleinsäuger .
Brut: Baum- oder Felshorst. Eiablage Mai bis Juli, Gelege 2 Eier, Brutdauer 35–39 Tage, Nestlingszeit 50–55 Tage.
Verhalten: Rüttelt bei der Jagd oft wie ein Turmfalke.

Habichtsadler an seinem Felshorst

Habichtsadler, Flugbild

In Europa ist der Habichtsadler nur im Süden, Südwesten und Südosten Brutvogel mit einem Bestand von ca. 600 Paaren. Hauptgebiet der europäischen Verbreitung ist Spanien, besonders die Sierra Morena.

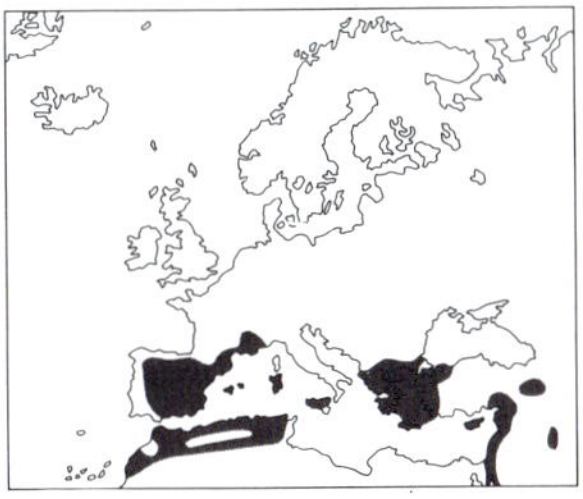

Habichtsadler
Hieraaetus fasciatus
Kennzeichen: Größer als Mäusebussard (→ Seite 68). Oberseite dunkelbraun, Unterseite weißlich mit dunkler Längsstrichelung, kräftige Beine und Füße, Augen gelb. Beide Geschlechter gleich gefärbt, Weibchen größer. 67–74 cm, 1500–2000 g.
Flug: Vom ähnlichen Schlangenadler (→ Seite 59) durch den längeren, eckigeren Schwanz und den weit vorgestreckten Kopf zu unterscheiden; dunkles Band auf der Flügelunterseite.
Verbreitung: Von Spanien und Nordwestafrika bis Süd- und Südostasien.
Lebensraum: Trockene, gebirgige Gebiete mit lockerem Baumbestand.
Stimme: Ruft jauchzend „gjiüöh“, wenig stimmfreudig.
Nahrung: Vögel bis Reihergröße, Säuger bis Hasengröße, Reptilien.
Brut: Fels- und Baumhorste. Eiablage Februar/März. Gelege 2 Eier, Brutdauer 37–40 Tage, Nestlingszeit 58–61 Tage.
Verhalten: Kreist viel in großer Höhe. Vollführt während der Balzzeit eindrucksvolle Flugspiele. Jungvögel verlassen das Brutgebiet und unternehmen oft weite Wanderungen, Altvögel sind eher Standvögel.

Habichtartige (Accipitridae)

Spanischer Kaiseradler am Horst beim Füttern des Jungvogels

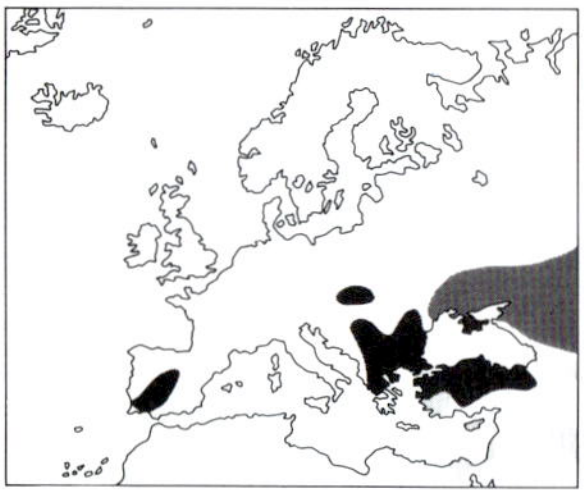

Kaiseradler

Aquila heliacea

Kennzeichen: Etwas kleiner, gedrungener und kurzschwänziger als der Steinadler (→ Seite 76). Gefieder einfarbig schwarzbraun mit oft kaum sichtbaren weißen Schulterflecken. Schwanz oft mit breiter, dunkler Endbinde und heller Basis. Schnabel grauschwarz, Füße gelb. Jungvögel hellbraun bis ockergelb, mit einfarbig dunklem Schwanz mit dünnem, hellem Saum und dunklen Schwingen.
Beide Geschlechter sind gleich gefärbt.
78–83 cm, 2500–3500 g.
Auf der Iberischen Halbinsel lebt eine Unterart, der **Spanische Kaiseradler** *(Aquila heliaca adalberti),* die sich durch auffällig breite, weiße Schulterflecken und einen hellen Vorderrand der Armflügel unterscheidet.
Flug: Das Flugbild erinnert durch die sehr breiten, brettartig wirkenden Schwingen an das des Seeadlers (→ Seite 52). Im Segelflug verlaufen Vorder- und Hinterrand des Flügels nahezu parallel, so daß die Schwingen fast in ihrer ganzen Länge gleich breit erscheinen. Im Unterschied zu Stein-, Schrei- und Schelladler hält der segelnde Kaiseradler die Schwingen ganz horizontal.

Habichtartige (Accipitridae)

Kaiseradler (östliche Form): typisch die brettartig wirkenden Schwingen

Verbreitung: Süd-, West- und Mittelspanien, Portugal; vom östlichen Mitteleuropa bis Transbaikalien. Brütet in Mitteleuropa in geringer Zahl in Nordungarn und im Süden der Slowakei.
Der Spanische Kaiseradler ist durch Landschaftsveränderungen in den Brutgebieten, illegalem Abschuß und Gift in seinem Bestand stark bedroht. Nur etwas über 100 Paare brüten noch in Spanien und einige wenige in Portugal.
Lebensraum: Waldsteppen mit einzelstehenden Bäumen, baumlose Steppen mit bewaldeten Senken und Erosionstälern, offene Kultursteppen, im Winter zur Jagd auch an Gewässern.
Stimme: Rauhes „krock-krock-krock", erinnert an Kolkrabenrufe, heiseres „jef-jef" oder „gäb-gäb".
Nahrung: Steppenbewohnende Nagetiere (Ziesel und Hamster), Junghasen, Wühlmäuse, zur Brutzeit auch Jungvögel, auch Aas.
Brut: Horst meist auf einzelstehenden Bäumen, der von beiden Partnern gemeinsam gebaut und immer wieder benützt wird. Eiablage März bis Mai, Gelege 2–3 Eier, Brutdauer 43 Tage, Nestlingszeit 65–77 Tage. Nur das Weibchen brütet. Die Paare halten ihr ganzes Leben lang zusammen und sind sehr reviertreu.
Verhalten: Kaiseradler sind Strich- und Zugvögel. Die spanischen Brutvögel streichen im Winter in ihrem Brutgebiet umher. Kaiseradler jagen entweder vom Ansitz aus oder stürzen sich nach kreisendem Suchflug auf ihre Beute.

Der Steinadler lebt in Mitteleuropa nur noch in den Karpaten und den Alpen

Steinadler
Aquila chrysaetos
Kennzeichen: Großer Adler. Gefieder dunkelbraun, nur Oberkopf und Nacken hellbraun bis goldgelb. Schwanz dunkelbraun mit heller Wurzel. Schnabelspitze schwarz, Füße gelb, Iris dunkel- bis hellbraun. Jungvögel schwarzbraun mit weißen Flecken im Handwurzelbereich und fast weißem Schwanz mit breiter, schwarzer Endbinde. Mit zunehmendem Alter wird der Schwanz immer dunkler.
Beide Geschlechter gleich gefärbt, Weibchen größer als Männchen.
75–88 cm, 3000–6000 g.
Flug: Das Flugbild des Steinadlers zeichnet sich aus durch lange, nicht besonders breite Flügel, die zum Körper hin schmäler werden, stark gefingerte Handfittiche, deren Spitzen leicht aufwärts gebogen sind und einen mittellangen, leicht gerundeten Schwanz. Der Kopf wird im Flug, wie bei allen Adlern, weit vorgestreckt. Der Steinadler fliegt vorwiegend im Gleit- oder Segelflug und kreist oft stundenlang in großer Höhe in aufsteigenden Warmluftmassen. Beim Gleitflug sind die Flügel oft halb gefaltet.
Verbreitung: Europa und Asien, Nordamerika bis Mexiko, Nordafrika bis zur

Steinadler, Segelflug

Sahara. In Mitteleuropa nur noch in den Alpen und den Karpaten Brutvogel, in Nord- und Osteuropa sowie Nordamerika auch in der Ebene.
Lebensraum: Weite, abwechslungsreiche Waldlandschaften, im Hochgebirge an Hängen und in Felswänden, jagt hier vorzugsweise oberhalb der Waldgrenze.
Stimme: Ruft bussardartig „hiäh“ oder „jick-jick“, nicht sehr stimmfreudig und nur selten zu hören.
Nahrung: Große Säugetiere bis Hirschkalbgröße (in den Alpen vorwiegend Murmeltiere), Vögel bis Auerhahngröße, vor allem im Winter auch Aas.
Brut: Horst im Hochgebirge auf Vorsprüngen in Felswänden, sonst auf Bäumen. Alte Nester werden mehrmals bezogen, ausgebessert und vergrößert. Ein Paar besitzt häufig mehrere Nester (Wechselhorste). Beide Partner bauen den Horst. Eiablage März bis Mai, Gelege 2 Eier, Brutdauer 43–45 Tage, Nestlingszeit 63–70 Tage. Meist brütet das Weibchen und wird vom Männchen mit Nahrung versorgt. Die Paare leben in Dauerehe.
Verhalten: Der Steinadler erbeutet seine Nahrung entweder vom Ansitz aus oder im Überraschungsflug. Beutetiere bis etwa 5 Kilogramm Gewicht werden abtransportiert, schwerere werden gleich an Ort und Stelle gefressen.
Altvögel sind Standvögel, die sich ganzjährig in der Nähe ihres Brutplatzes aufhalten. Jungvögel streifen weit umher, bis sie nach dem ersten Brüten seßhaft werden.

Der Schelladler ist größer und dunkler als der Schreiadler

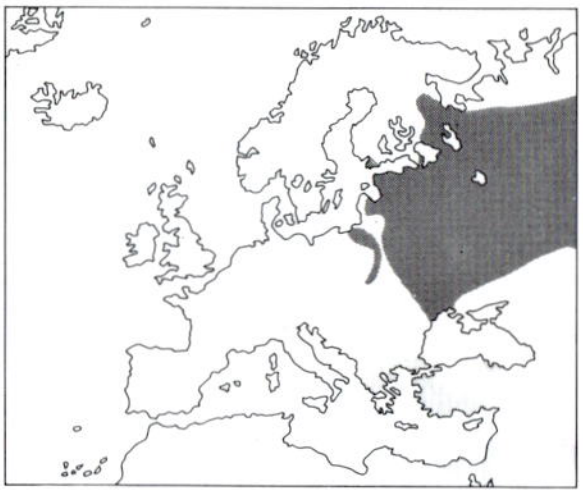

Schelladler

Aquila clanga

Kennzeichen: Ähnelt dem Schreiadler (→ Seite 80), ist jedoch etwas größer und hat breitere Flügel. Gefieder einfarbig dunkelbraun, Oberschwanzdecken weißlich. Schnabel schwarz mit gelber Wachshaut, Füße gelb, Iris braun. Beide Geschlechter gleich gefärbt, Weibchen größer als Männchen. Jungvögel braunschwarz ohne hellen Nackenfleck. Auffällige, fahl rahmfarbene Fleckenbänder auf den großen und kleinen Flügeldecken, sowie Fleckenzeichnung auf Rumpf und „Hosen", weißer U-förmiger Fleck an der Schwanzbasis. 66–73 cm, 1600–2300 g.

Flug: Das Flugbild ähnelt dem des Schreiadlers, doch hat der Schelladler etwas breitere Flügel, einen kürzeren Schwanz und wirkt von unten gesehen insgesamt dunkler, fast schwarz. Wie beim Schreiadler werden auch vom segelnden Schelladler die Flügel im Handgelenk leicht nach oben gewölbt, Hand und Arm nach unten durchgedrückt.

Verbreitung: Von Osteuropa (Polen) bis zum südlichen Ussuriland und die Mandschurei. In Mitteleuropa ist der Schelladler nur ein seltener Durchzügler.

Lebensraum: Ausgedehnte

Habichtartige (Accipitridae)

Schelladler im Segelflug: Die Flügel sind im Handgelenk leicht nach oben gewölbt

Wälder, die von Seen, Wiesen und Mooren durchsetzt sind. Der Schelladler ist mehr an Wasser gebunden, als der Schreiadler.
Stimme: Wie Schreiadler, zur Brutzeit sehr ruffreudig. Ruft dünn kläffend „kli-kli-kli-kli" oder „kjäk kjäk kjäk", daneben pfeifende Laute.
Nahrung: Vor allem Kleinsäuger wie Mäuse, Ratten, Ziesel, Hamster und Maulwürfe. Der Anteil an Vögeln an der Beute ist beim Schelladler größer als beim Schreiadler. Eine bedeutende Rolle spielen auch Fische, Frösche, Reptilien (Schlangen) und große Insekten.
Brut: Schelladler brüten in lichten Wäldern und Auwäldern in Baumhorsten anderer Greifvögel oder bauen sich selbst einen Horst in 8–12 Meter Höhe. Eiablage Mai/Juni. Gelege 2–3 Eier, Brutdauer 42–44 Tage, Nestlingszeit 60–65 Tage. Das Weibchen brütet ab dem ersten Ei und wird vom Männchen mit Nahrung versorgt.
Verhalten: Der Schelladler jagt meist von einer Warte aus an Fluß- oder Seeufern oder in offenem Gelände, fängt seine Beute aber auch aus kreisendem Suchflug heraus oder sucht sich zu Fuß noch flugunfähige Wasservögel.
Schelladler sind Zugvögel, die in Nordägypten, der Türkei, dem Irak, Indien und Südchina überwintern. Ein Teil bleibt auch in Südeuropa. Die Vögel ziehen von September bis Ende Oktober aus dem Brutgebiet ab und kehren erst ab Mitte April wieder zurück.

Habichtartige (Accipitridae)

Im Schreiadler-Horst wächst stets nur ein Jungvogel auf

Schreiadler

Aquila pomarina

Kennzeichen: Kleiner Adler, nur wenig größer als Mäusebussard (→ Seite 68). Gefieder bei Altvögeln braun, Oberkopf, Nacken und Flügeldecken heller braun, Rücken, Schwanz und Schwingen dunkler braun gefärbt. Unterseite im Unterschied zum Schelladler beim Körpergefieder heller als in den Schwingen und dem Schwanz. Schwanz schmal, mittellang, abgerundet. Schnabel schwarz, Füße gelb, Iris gelbbraun. Beide Geschlechter gleich gefärbt, Weibchen etwas größer. Jungvögel einfarbig schokoladenbraun, Flügeldecken mit helleren Spitzen und heller Nackenfleck. 61–66 cm, 1100–200 g.

Flug: Flugbild adlerartig, Flügel vom Körper bis zu den Spitzen gleich breit und brettähnlich, Handschwingen gespreizt, Kopf vorgestreckt. Beim Segelflug werden die Flügel leicht gewölbt gehalten.

Verbreitung: Europa, Südwestasien, Indien. In Polen und im Osten der Tschechoslowakei relativ häufiger Brutvogel, im übrigen Mitteleuropa seltener Gast.

Lebensraum: Naturnahe feuchte Niederungs- und Bergwälder, in den Balkanländern auch trockene

Schreiadler im Segelflug

Bergwälder bis 1800 m Höhe.
Stimme: Sehr ruffreudig, am Brutplatz „jüb-jüb-jüb-jüb-jib-jibjibjibjib“.
Nahrung: Vor allem Kleinsäuger wie Wühlmäuse, Hermeline und Kaninchen, Vögel, Frösche und Eidechsen, (im Winterquartier) große Insekten, aber auch Aas. Stiehlt in schlechten Zeiten anderen Greifvögeln die Beute.
Brut: Der Horst wird meist in alten Bussard- oder Milannestern im unteren Kronenbereich alter Laub- und Nadelbäume angelegt. Auf dem Horstrand werden immer wieder frische grüne Zweige befestigt. Beide Partner beteiligen sich am Horstbau. Eiablage April/Mai. Gelege 2 Eier, Brutdauer 38–42 Tage, Nestlingszeit 50–55 Tage. Das Weibchen brütet meist allein und wird vom Männchen mit Nahrung versorgt. Die Paare halten lebenslang zusammen und besetzen jedes Jahr das gleiche Revier.
Verhalten: Der Schreiadler kreist auf Nahrungssuche oft niedrig über Waldwiesen und stürzt sich dann mit angelegten Flügeln auf seine Beute. Zu Fuß fängt er meist Frösche und Insekten. Während der Balzzeit kreisen die Paare laut rufend über ihrem Revier. Die Männchen lassen sich mit angelegten Flügeln fallen und ziehen gleich wieder mit geschlossenen Flügeln nach oben.
Mitteleuropäische Schreiadler überwintern in den Savannen Afrikas. Sie ziehen Mitte August bis Mitte September weg und kommen Ende März/Anfang April wieder zurück.

Habichtartige (Accipitridae)

Steppenadler hält am Boden Ausschau nach Beute

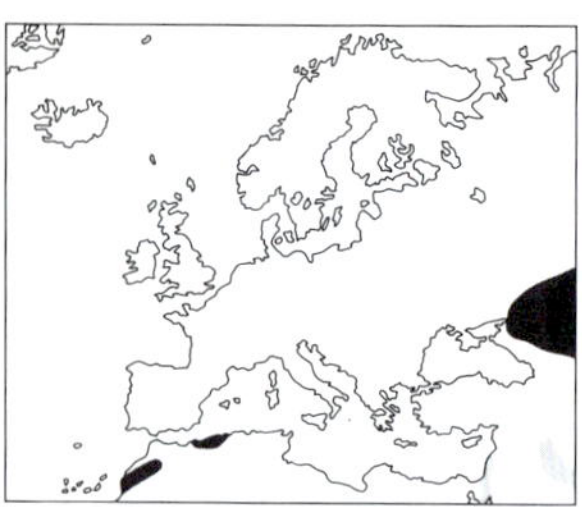

Steppenadler, Raubadler

Aquila rapax

Kennzeichen: Größer als Schelladler (→ Seite 78). Plumpe Gestalt, Färbung sehr variabel, einfarbig dunkelbraun bis hellbeige. Altvögel ohne jegliche Gefiederzeichnung. Beide Geschlechter gleich gefärbt, Weibchen größer.
66–78 cm, 2500–3500 g.
Flug: Erinnert im Flugbild an einen Kaiseradler (→ Seite 74), Flügel lang und breit, jedoch nicht brettartig sondern zwischen Arm- und Handfittich eingebuchtet. Schwanz verhältnismäßig lang und abgerundet. Jungvögel im Flug mit zwei auffälligen, hellen Flügelbinden und dunklen Handschwingen.
Verbreitung: Südosteuropa, Afrika und Asien.
Lebensraum: Ebenen, Steppen und Savannen.
Stimme: Nur am Brutplatz bellendes „kau-kau“.
Nahrung: Vorwiegend Ziesel, aber auch andere Kleinnager, Vögel, große Insekten, im Winterquartier auch Aas.
Brut: Dürftiger Horst auf einem erhöhten Platz. Eiablage ab April. Gelege 2 Eier, Brutdauer 45 Tage, Nestlingszeit 60 Tage.
Verhalten: Sitzt häufig am Boden und hält nach Beute Ausschau. Zieht ab Mitte August ins Winterquartier im östlichen Afrika.

Habichtartige (Accipitridae)

Schmutzgeier am Horst

Schmutzgeier, Flugbild

Das Flugbild des Schmutzgeiers erinnert durch die langen, im Handteil spitz zulaufenden Flügel und den keilförmigen Schwanz etwas an den Bartgeier. Die Mehrzahl der Schmutzgeier Europas lebt in Spanien (ca. 2000 Paare).

Schmutzgeier

Neophron percnopterus

Kennzeichen: Kleinster Geier Europas. Gefieder schmutzigweiß, schwarze Hand- und Armschwingen, gelbes, nacktes Gesicht, struppige Halskrause, dünner, langer Schnabel. Beide Geschlechter gleich gefärbt, Weibchen größer. Jungvögel dunkelbraun. 56 – 66 cm, 1800 –2400 g.

Flug: Flugbild erinnert durch die langen spitzen Flügel und den keilförmigen Schwanz an das des Bartgeiers (→ Seite 85).

Verbreitung: Südeuropa bis Nepal und Südindien, Nord- und Westafrika.

Lebensraum: Offenes Gelände in der Ebene und im Gebirge.

Stimme: In Erregung zischende, miauende und grunzende Rufe.

Nahrung: Aas und Abfälle tierischer Herkunft aller Art, überfahrene Kleintiere, Insekten, Vogeleier; Kotfresser.

Brut: Horst aus trockenen Zweigen, mit Lumpen, Fellresten und anderen Abfällen ausgelegt in Felsnischen. Eiablage in Südeuropa im März/April, Gelege mit 2 Eiern, Brutdauer 42 Tage, Nestlingszeit 75–90 Tage.

Verhalten: Der Schmutzgeier besucht regelmäßig Abfallplätze.

Bartgeier im Jugendkleid

Bartgeier

Gypaetus barbatus

Kennzeichen: Sehr großer, langflügeliger Geier. Oberseite, Schwanz und Flügelunterseite schwarzbraun mit weißgrauen Tropfenlinien, Kopf hell mit schwarzem Schnabelbart und Augenstreif. Schnabel dunkelgrau mit gelblicher Spitze, Füße blaugrau, Iris gelbbraun mit rotem Ring. Beide Geschlechter gleich gefärbt, Weibchen größer. Jungvögel mit dunklem Kopf und Hals und braunen Füßen.
102–114 cm, 5000–7000 g.
Flug: Der Bartgeier hat sehr lange, im Handfittich spitz zulaufende Flügel, die stets mehr oder weniger stark gewinkelt gehalten werden und einen langen, keilförmigen Schwanz. Der kleine Kopf ist im Flug weit vorgestreckt. Die helle Unterseite kontrastiert auffällig mit den dunklen Flügeln. Das Flugbild des Bartgeiers erinnert an einen riesigen Falken. Der Bartgeier segelt viel und ausdauernd mit gewinkelten Flügeln. Die großen Schwingen erzeugen beim Suchflug ein surrendes Pfeifen, das sich beim schrägen Herabgleiten zu einem weithin hörbaren Brausen steigern kann.
Verbreitung: Hochgebirge in Südeuropa, Abessinien, Ost- und Südafrika, naher

Bartgeier im Segelflug; typisch der lange, keilförmige Schwanz

und mittlerer Osten bis zur Mongolei, China und Himalaya.
Lebensraum: Felsige und schluchtenreiche Gebirgslandschaften, vorwiegend über der Baumgrenze.
Stimme: Bei Erregung pfeifendes „fiiij“, während der Flugbalz öfter zu hören, ansonsten wenig stimmfreudig.
Nahrung: Kadaver frischtoter Großsäuger, Schildkröten; nur im Notfall auch Aas. Die Hauptnahrung sind Knochen, die bis zu 85% der Nahrungsmenge ausmachen können. Größere Knochen und Schildkröten nimmt der Bartgeier mit in die Luft und läßt sie aus 20–40 m Höhe auf felsigen Untergrund fallen und zerschellen.
Brut: Horst in Nischen hoher Felswände, die von oben her geschützt sind. Ein Paar hat oft mehrere Horste. Die großen Nester werden aus groben Ästen und Zweigen hergestellt, die Nestmulde wird mit Federn, Heu und Nahrungsresten (Knochen, Hufe, Hörner) ausgelegt. Beide Partner beteiligen sich am Nestbau. Eiablage je nach Vorkommen Dezember bis März. Gelege 1–2 Eier, Brutdauer 55–60 Tage, Nestlingszeit 110 Tage. Beide Partner brüten. Bartgeier leben in Dauerehe.
Verhalten: Bartgeier sind Stand- und Strichvögel. Sie verbringen das ganze Jahr in ihrem hochgelegenen Revier und verlassen es nur bei großer Kälte oder Nahrungsmangel, um dann tiefere Lagen aufzusuchen. Bartgeier fliegen auf Nahrungssuche Tag für Tag die gleiche Route in ihrem Revier (etwa 300 km^2) ab.

Die Mönchsgeier sind die größten Altweltgeier

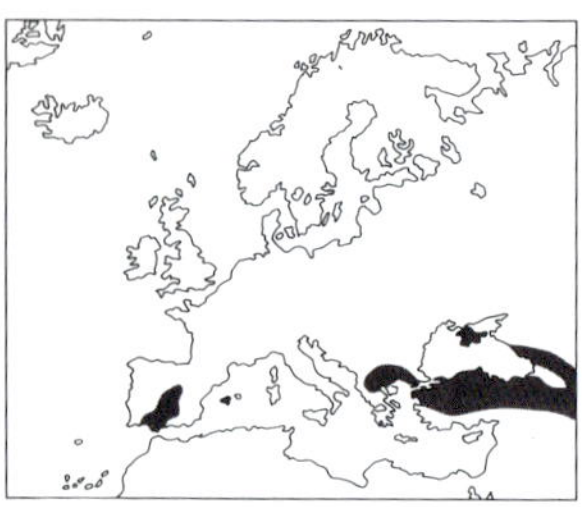

Mönchsgeier

Aegypius monachus

Kennzeichen: Größter Altweltgeier. Gefieder dunkelbraun. Kopf hellgrau, nackt, mit bläulichen Hautstellen und dunklem Bereich um die Augen, dunkelbraune Halskrause. Schnabel schwarzbraun mit blaßvioletter Wachshaut, Füße hellgrau, Krallen schwarz, Iris schwärzlich. Beide Geschlechter gleich gefärbt. Jungvögel mit dunklerem Gefieder als Altvögel und schwarzbraunem Kopf.
99–107 cm, 7000–12000 g.
Flug: Ähnlich wie Gänsegeier (→ Seite 88), mit langen und breiten Flügeln, kleinem Kopf und etwas längerem und keilförmigerem Schwanz.
Im Segelflug werden die Flügel horizontal gehalten, nur die Handschwingen sind nach oben gebogen.
Verbreitung: Spanien, Mallorca, Sardinien, Sizilien, Balkanhalbinsel bis Zentralasien, Indien und China.
Der Bestand des Mönchsgeiers ist in all seinen europäischen Brutgebieten stark rückläufig. Ursachen dafür sind nur zum Teil direkte menschliche Verfolgung, sondern vor allem Landschaftsveränderungen und Verschlechterung der Nahrungssituation durch Rationalisierung der Vieh-

Mönchsgeier im Segelflug: Hals und Kopf herabgedrückt wirkt der Vogel buckelig

wirtschaft und damit Rückgang der Weideviehhaltung. Durch Auswilderung von in Zoos gezüchteten Junggeiern hat man in Mallorca den auch dort rückläufigen Bestand stützen können.
Lebensraum: Bewaldete, abgelegene Gebirge mit großen Wildtierbeständen.
Stimme: Nicht sehr stimmfreudig, am Horst grunzende und knurrende, am Kadaver krächzende und zischende Laute.
Nahrung: Tote Tiere aller Art, bei Mangel an Fallwild schlägt der Mönchsgeier aber auch lebende Beute wie Lämmer, Murmeltiere, Hasen und Schildkröten.
Brut: Horstet meist in einzelstehenden hohen Bäumen an Berghängen. Beide Partner bauen an dem mächtigen Horst aus kräftigen Zweigen. Manche Horste werden über Jahre hinweg immer wieder benützt. Eiablage März/April. Gelege 1 Ei, Brutdauer 52–55 Tage, Nestlingszeit etwa 120 Tage. Beide Partner brüten. Die Jungvögel kehren auch nach dem Ausfliegen zur Futteraufnahme noch längere Zeit zum Horst zurück und übernachten auch hier.
Verhalten: Der Mönchsgeier ist mit seinem starken Schnabel in der Lage, die Bauchdecke der Kadaver zu öffnen und verschafft damit auch dem Gänsegeier Zugang zu den Eingeweiden. Viel weniger gesellig als der Gänsegeier, duldet er während des Kröpfens keinen Artgenossen.
Altvögel halten sich ganzjährig in ihren Brutrevieren auf, die Jungvögel streifen umher.

Ein Gänsegeier wendet sein einziges Ei im Felsenhorst

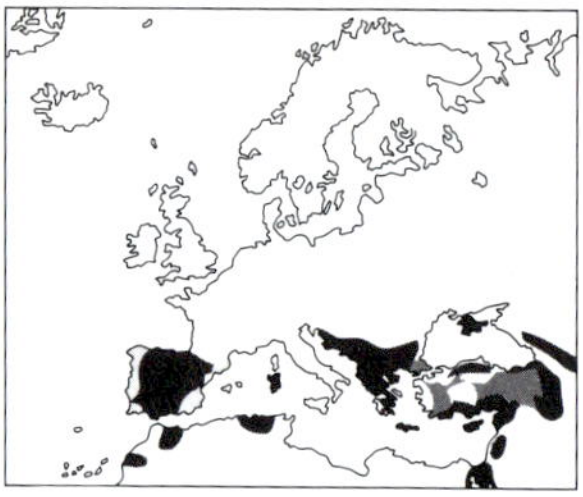

Gänsegeier

Gyps fulvus

Kennzeichen: Häufigster Geier Europas, größer als der Seeadler. Gefieder sehr hell sandbraun, mit langem, „gänseartigem", weißem Hals, der im Flug eingezogen wird, weiße Halskrause, Flügel und Schwanz dunkelbraun. Jungvögel dunkler mit brauner Halskrause. 97–104 cm, 6500–8000 g.

Flug: Wie alle großen Geier verbringt der Gänsegeier als thermikabhängiger Segelflieger den größten Teil der heißen Tagesstunden hoch in der Luft. Sein Flugbild ist durch die sehr langen und breiten Tragflächen mit meist stark gespreizten Handfittichen und dem sehr kurzen, eckigen Schwanz unverkennbar. Der segelnde Vogel liegt von unten gesehen wie ein kurzes, breites Brett in der Luft. Eine Verengung in der sonst gleichmäßig breiten Flügelfläche zeigt sich nur dort, wo der Armfittich in den Handfittich übergeht. Beim Segelflug werden die Flügel etwas über die Horizontale gehoben, die Tragflächen durchgebogen.

Verbreitung: Südwest- und Südeuropa, Nordostafrika, ostwärts bis zur Mongolei, Westpakistan und Nordindien. Im deutschsprachi-

Gänsegeier: Die Paarpartner segeln oft gemeinsam

gen Raum nur als Sommergast im österreichischen Rauristal (Hohe Tauern).
Lebensraum: Vorwiegend Gebirgsbewohner, Karstlandschaften, weite, offene Ebenen, Halbwüsten.
Stimme: Fast nur am Aas zu hören; streitet mit zischenden, keckernden und fauchend-stöhnenden Lauten um die besten Plätze.
Nahrung: Ausgesprochener Aasfresser. Besonders liebt er die Eingeweide, die er nach Eröffnung der Bauchhöhle als erstes verschlingt. In Schlechtwetterperioden, die den Suchflug zum Nahrungserwerb erschweren oder unmöglich machen, können Gänsegeier tagelang hungern.
Brut: Der Horst steht in offenen Höhlungen und Nischen steiler Wände im Gebirge. Balz und Kopulationen schon im Dezember. Eiablage Januar/Februar, Gelege 1 Ei, Brutdauer 47–54 Tage, Nestlingszeit 110–115 Tage. Beide Partner brüten. Der Jungvogel wird nach dem Ausfliegen noch lange von den Eltern gefüttert.
Verhalten: Sehr gesellig. Suchen im Gegensatz zu anderen Geiern meist zu mehreren, hoch kreisend ihr Revier nach Nahrung ab; am Aas stets in kleineren oder größeren Gesellschaften. Übernachtet in steilen Felswänden. Bewegen sich am Boden in eigenartigem Polkaschritt laufend oder ungeschickt hüpfend vorwärts. Nach ausgiebiger Mahlzeit starkes Badebedürfnis. Vergreift sich auch bei großem Hunger niemals an sterbenden Tieren, sondern wartet stets bis der Tod eingetreten ist.

Rohrweihe, das Männchen hat Beute zum Horst gebracht

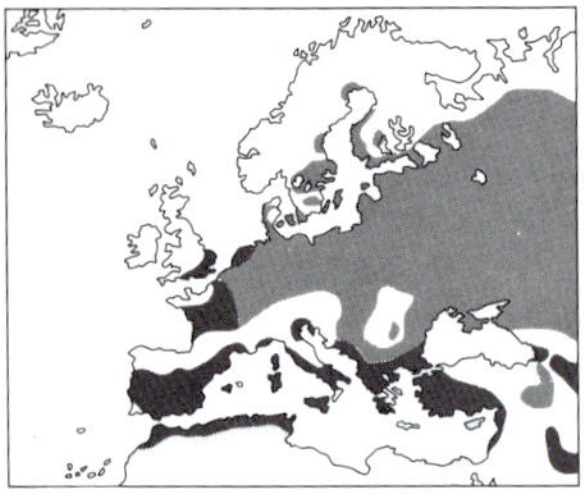

Rohrweihe

Circus aeruginosus

Kennzeichen: Bussardgroß, jedoch schlanker mit schmaleren Flügeln und längerem Schwanz. Männchen auf der Oberseite dunkelbraun, Flügel grau mit schwarzen Spitzen, Schwanz hellgrau, Unterseite braunrot, Kopf hell mit dunklen Stricheln. Weibchen einfarbig grau- bis dunkelbraun, Oberkopf, Nacken, Kehle und Schultern gelblich. Schnabel schwarz, Wachshaut gelb, Füße gelb, Krallen schwarz, Iris gelb. Jungvögel dunkelbraun mit hellem Kehl- und Nackenfleck, manchmal auch mit hellem Oberkopf und Nacken.
48–56 cm, 400–800 g.
Flug: Segelt meist in gaukelndem Flug ziemlich niedrig mit V-förmig nach oben gehaltenen Flügeln. Flügel lang und breit, Schwanz kürzer und breiter als bei den anderen Weihen.
Verbreitung: Von Südwesteuropa und Nordwestafrika bis Sachalin und Japan, Australien und Ozeanien.
Lebensraum: Mit Schilf und Röhricht bestandene Uferzonen von Seen, Teichen und Flüssen, moorige Wiesen, Sümpfe, Flußniederungen, auch in Getreidefeldern und Viehweiden.

Habichtartige (Accipitridae)

Rohrweihe, Weibchen

Rohrweihe auf dem Suchflug

Im gaukelnden Pirschflug mit weichen Flügelschlägen sucht die Rohrweihe systematisch die Schilfflächen ihres Reviers nach Beute ab. Während der eingeschalteten Gleitstrecken hält sie die Flügel V-förmig nach oben.

Stimme: Während des Balzfluges klagendes „quiäh“ oder „käh“, Warnruf keckerndes „kikekikekike“.
Nahrung: Hauptsächlich Wasservögel bis Bläßhuhngröße, Schermäuse, Bisamratten, Fische, Frösche und Reptilien, gelegentlich auch Vogeleier.
Brut: Der Horst wird meist im dichten Schilf oder Röhricht auf geknicktem Röhricht angelegt, manchmal aber auch in Getreidefeldern oder auf Wiesen. Das Nest wird von beiden Partnern gebaut. Eiablage April/Mai, Gelege 3–6 Eier, Brutdauer 31–34 Tage, Nestlingszeit 38–40 Tage. Das Weibchen brütet allein.
Verhalten: Die Rohrweihe schlägt ihre Beute meist von niedrigem Suchflug aus. Sie bleibt häufig schwerfällig rüttelnd über dem Schilf stehen, um sich dann überraschend auf die Beute zu stürzen. Über freiem Wasser zwingt sie junge Wasservögel so oft zum Tauchen, bis sie erschöpft und dann leichte Beute sind.
Zur Balzzeit vollführen die Vögel eindrucksvolle Flugspiele: Das Männchen fliegt mit taumelnden Flügelschlägen über dem künftigen Nestbereich, läßt sich häufig überschlagend in die Tiefe fallen und steigt dann wieder auf. Das Weibchen, das in geringerer Höhe fliegt, fängt die Scheinangriffe des Männchens ab, indem es ihm die Fänge entgegenstreckt. Europäische Rohrweihen ziehen schon im August in ihr Winterquartier im tropischen Afrika; ab Ende März kehren sie wieder in ihr Brutgebiet zurück.

Kornweihe, Weibchen am Nest

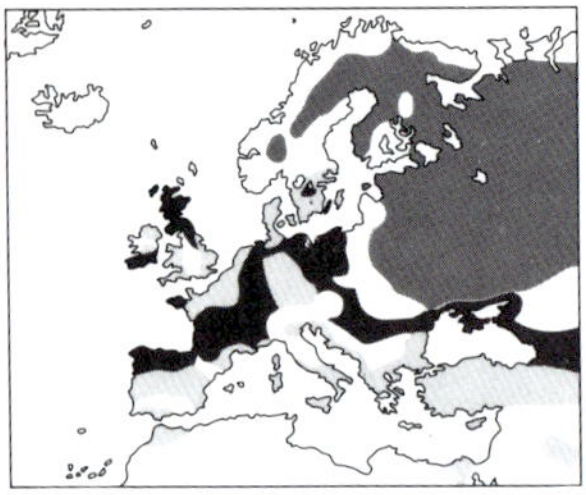

Kornweihe

Circus cyaneus

Kennzeichen: Kleiner und schlanker als Mäusebussard (→ Seite 68). Männchen hellgrau mit weißem Bauch und breitem, weißem Bürzel, Flügelspitzen schwarz, keine schwarze Flügelbinde. Weibchen auf der Oberseite einfarbig braun, Unterseite rötlichbraun längsgestreift, Oberschwanzdecken reinweiß, Schwanz stark gebändert, auffallender weißer Bürzelfleck, eulenartiger Gesichtsschleier. Schnabel schwarz, Wachshaut gelb, Füße gelb, Krallen schwarz, Iris hellgelb. Jungvögel unterseits roströtlich mit dunklen Längsflecken.
43–51 cm, 300–550 g.
Flug: Flügelspitzen leicht gerundet, Schwanz ziemlich lang. Die Kornweihe segelt und gleitet wie die anderen Weihen mit über die Horizontale gehaltenen Flügeln.
Das Männchen unterscheidet sich vom ähnlichen, jedoch kleineren und schlankeren Wiesenweihen-Männchen durch ein helleres Grau, den weißen Bürzel, das Fehlen einer schwarzen Flügelbinde und seine reinweiße Unterseite. Das Kornweihen-Weibchen läßt sich im Flug nur schwer vom Wiesenweihen-Weibchen unterschei-

Kornweihen-Weibchen auf Suchflug

den, sein Kopf ist dicker, das Weiß des Bürzels meist ausgedehnter, die Flügel breiter und an den Spitzen stärker gerundet.
Verbreitung: Mittleres und nördliches Europa und Asien, Nordamerika.
Lebensraum: Heideflächen, Zwergstrauchflächen, Moore, Brachland, Verlandungszonen von Gewässern, Feuchtwiesen, aber auch spärlich bewachsenes Dünengelände und Aufforstungsflächen.
Stimme: Während des Balzfluges ruft das Männchen „gjegjegjegje“, das Weibchen „gjikgjikgjik“; Warnruf „keckeckeck“.
Nahrung: Hauptnahrung sind Kleinsäuger wie Mäuse, Ratten, Spitzmäuse, junge Kaninchen und Feldhasen und bodenlebende Vögel bis Schneehuhngröße.
Brut: Der verhältnismäßig kleine Horst steht am Boden auf Wiesen und Heideflächen, oft in unmittelbarer Nähe von Moor- oder Sumpfgebieten, aber auch in Getreide-, Klee- und Rübenfeldern. Vorwiegend das Weibchen baut am Horst, der aus Birkenreisig, Gras, Heidekraut und Pflanzenstengeln besteht. Das Männchen fertigt manchmal mehrere „Wahlnester“ an. Eiablage Mai/Juni, Gelege 4–6 Eier, Brutdauer 29–39 Tage, Nestlingszeit ungefähr 35 Tage. Das Weibchen brütet allein, wird aber vom Männchen mit Nahrung versorgt. Die Jungen werden von der Mutter gedeckt und gefüttert. Das Männchen sorgt für Nahrung, die es dem Weibchen außerhalb des Horstes direkt in die Fänge übergibt oder abwirft. Die flüggen

Habichtartige (Accipitridae)

Kornweihe, Männchen

Kornweihen-Männchen

Kornweihen- und Steppenweihen-Männchen (rechts) sind nur schwer voneinander zu unterscheiden.

Jungen werden noch 2–3 Wochen geführt und gefüttert, bis sie die Beute auch in der Luft abnehmen können.
Verhalten: Während der Brutzeit führen Kornweihen auffallende Balzflüge auf: Das Männchen läßt sich mit gefalteten Flügeln aus großer Höhe 20–30 m fast senkrecht fallen, fängt sich, steigt mit wuchtelnden Flügelschlägen steil empor und wiederholt dieses Manöver ohne Unterbrechung bis zu zwanzigmal. Beim Übergang vom Aufstieg zum erneuten Absturz wird oft noch ein Überschlag nach rücklings eingeschaltet.
Im Unterschied zu den anderen Weihen ist die Kornweihe am Brutplatz gegen Nestfeinde sehr agressiv. Selbst gegen den Menschen kann es zu tätlichen Angriffen kommen.
Nach der Brutzeit bilden die Weihen oft Schlafplatzgesellschaften mit bis zu 35 Vögeln.
Die Kornweihe ist Strich- und Zugvogel. Die Vögel aus Skandinavien überwintern zum Teil schon in Südschweden, Südnorwegen oder in Mittel- und Westeuropa. Die Mehrzahl der mitteleuropäischen Kornweihen wandert in den Mittelmeerraum, nach Nordafrika, Ägypten und Arabien. Abzug in die Winterquartiere im August. Ab Ende März sind die Vögel wieder an ihren Brutplätzen anzutreffen.
Das Männchen der Steppenweihe (→ Seite 95) unterscheidet sich vom Kornweihenmännchen durch seine schlankere Gestalt, das hellere Grau von Kopf und Hals und den grauen (nicht weißen) Bürzel.

Steppenweihe, Männchen

Steppenweihe
Circus macrourus
Kennzeichen: Nur schwer von Korn- und Wiesenweihe zu unterscheiden. Männchen Unterseite weiß, Oberseite hellgrau, Bürzel grau, keine schwarze Flügelbinde. Weibchen ähnlich wie Kornweihen-Weibchen, kleinerer, weißer Bürzelfleck, heller Halsring. Schnabel schwarz, Wachshaut gelb, Füße gelb, Krallen schwarz, Iris gelb. 43–48 cm, 280–500 g.
Flug: Flugbild wie bei der Kornweihe, Flügel jedoch schlanker und spitzer.
Verbreitung: Von Südostrumänien und Nordostbulgarien bis zum Altaivorland. Wandert gelegentlich invasionsartig nach Westen und brütet dann in Mittel- und Nordeuropa.
Lebensraum: Offenes, steppenartiges Gelände.
Stimme: Am Horst „gugugu", bei Erregung „kiek".
Nahrung: Kleinsäuger und bodenbewohnende Vögel, Reptilien große Insekten.
Brut: Bodenhorst, Eiablage Mai/Juni, Gelege 3–5 Eier, Brutdauer 28–30 Tage, Nestlingszeit 35–40 Tage.
Verhalten: Überraschungsjäger aus langsamem Suchflug heraus. Überwintert in den Steppen Ost- und Südafrikas und Südasiens.

Wiesenweihe, Männchen

Wiesenweihe würgt Speiballen

Junge Wiesenweihen werden auch nach dem Flüggewerden noch weiter vom Vater mit Nahrung versorgt. Oft fliegen sie ihm entgegen und nehmen ihm die Beute in der Luft aus den Fängen. Mit 7 Wochen machen sie ihre ersten Jagdversuche.

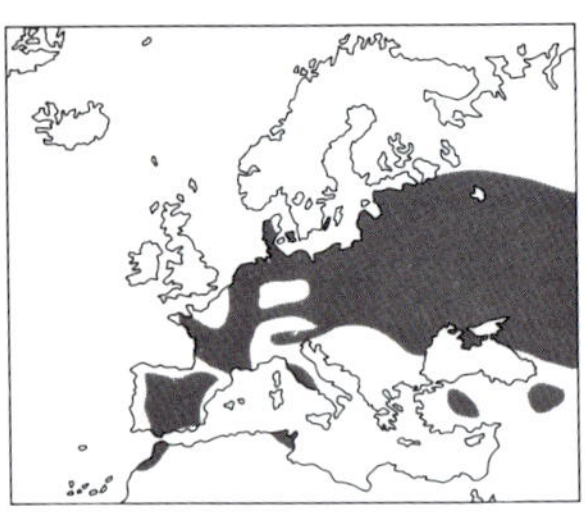

Wiesenweihe

Circus pygargus

Kennzeichen: Kleinste in Europa lebende Weihenart. Kleiner, schlanker und schmalflügeliger als Kornweihe (→ Seite 92). Männchen: Oberseite dunkelgrau, Flügel mit schwarzen Spitzen und schmaler, schwarzer Längsbinde, Unterseite weiß mit rötlicher Streifenzeichnung. Weibchen ähnlich Kornweihen-Weibchen, kleinerer, weißer Bürzelfleck, schmalere, spitzere Flügel, Schwanz länger und schmaler, mit fünf breiten, dunklen Binden. Schnabel schwarz, Wachshaut gelb, Füße gelb, Krallen schwarz, Iris gelb.
41–46 cm, 230–430 g.
Flug: Die Wiesenweihe wirkt im Flug langflügeliger als die Kornweihe. Handfittich spitz zulaufend, die Flügelspitze erscheint strahlig ausgezogen, nicht gerundet wie bei der Kornweihe. Die Männchen von Korn- und Wiesenweihe unterscheiden sich im Flug durch die unterschiedliche Färbung der Unterseite, die Weibchen durch ihren unterschiedlichen Flügelschnitt. Flug schaukelnd und seeschwalbenartig auf- und abschwingend, die spitzen Flügel werden beim Segeln V-förmig gehalten.
Verbreitung: Von Südwest-

Wiesenweihe (Weibchen) im Segelflug mit V-förmig gehaltenen Flügeln

europa und Nordwestafrika ostwärts bis zum Altai.
Lebensraum: Feuchtes Gelände, nasse Wiesen, Sümpfe, Schilf, Flachmoore, Verlandungszonen, aber auch trockenes Wiesen- und Ackerland.
Stimme: Während des Balzfluges „kekekekek", Weibchen „pi-eh"; Warnruf „jick jick jick". Weniger ruffreudig als Kornweihe.
Nahrung: Vorwiegend Mäuse und Jungvögel, aber auch Eidechsen und Insekten. Beutetiere meist kleiner als bei den anderen Weihen-Arten, im Winterquartier vor allem Heuschrecken.
Brut: Dürftiger Bodenhorst aus trockenem Pflanzenmaterial in höherer Vegetation oder im Röhricht. Eiablage Mai/Juni, Gelege 3–5 Eier, Brutdauer 28–30 Tage, Nestlingszeit 35–40 Tage. Hauptsächlich das Weibchen brütet.
Verhalten: Geselliger als Kornweihe, oftmals gemeinsame Feindabwehr und Schlafplätze. Nahrungssuche in niedrigem Suchflug über offenem Gelände. Kleinvögel und Fluginsekten werden oft auch im Flug erbeutet. Auffällige Balzflüge über dem Neststandort. Dabei schlagen die Vögel in der Luft Purzelbäume und lassen sich unter lauten „kekekek"-Rufen mit angelegten Flügeln in die Tiefe fallen. Während der Flugspiele übergibt das Männchen seiner Partnerin Beutetiere.
Mitteleuropäische Wiesenweihen überwintern im tropischen Afrika oder Indien. Sie verlassen im August ihr Brutgebiet, um ab Mitte April wieder zurückzukehren.

Kennfarbe Rot

Falken

Trotz ihres ähnlichen Aussehens und ihrer übereinstimmenden Ernährungsweise sind die Falken mit den Greifen nicht nahe verwandt. Sie bilden eine eigene Ordnung (Falconiformes) mit zwei Familien, Falken(Falconidae) und Geierfalken (Daptridae). Alle Falken Europas gehören zu den Falconidae.
Die Flügel der Falken sind lang, schmal und spitz. Der Handfittich wird auch beim Segelflug nicht aufgefingert, sondern bleibt stets eng geschlossen. Der Schnabel ist relativ kurz und trägt den sogenannten Falkenzahn, eine Ausbuchtung der scharfkantigen Schneide des Oberschnabels mit einer passenden Einkerbung im Unterschnabel. Falken töten ihre Beute durch einen Nackenbiß.
Die Geschlechter sind meist unterschiedlich gefärbt.
Im Gegensatz zu den Greifen bauen die Falken keine eigenen Nester.

Dieses Turmfalken-Weibchen hat eine Maus geschlagen, mit der es nun zu einem erhöhten Platz fliegt, um die Beute in aller Ruhe zu kröpfen.

Falken (Falconidae)

Würgfalke am Horst mit Jungem

Würgfalke

Falco cherrug

Kennzeichen: Größer als Wanderfalke (→ Seite 104), Oberseite rötlichbraun, Kopf hell mit dunkelbrauner Streifung und schmalen, dunklen Bakkenstreifen, Unterseite weißlich mit braunen Flekken, Schnabel blaugrau, Wachshaut gelb, Füße gelb, Iris dunkelbraun. Beide Geschlechter gleich gefärbt, Weibchen größer. 46 cm, 700–1300 g.
Flug: Fliegt mit langsamem Flügelschlag, schaltet längere Gleitstrecken ein, häufig anhaltend segelnd, dabei den Schwanz weit gespreizt.
Verbreitung: Südosteuropa bis Transbaikalien, südwärts bis zum Himalaya.
Lebensraum: Waldsteppen und Halbwüsten, Berghänge.
Stimme: „ijäck, ijäck" oder „gijäck, gijäck", Männchen im Balzflug ansteigendes „gäck gäck gäck".
Nahrung: Vorwiegend Ziesel, aber auch Mäuse, Lemminge, Vögel bis Reihergröße.
Brut: Baum- und Felshorste, Eiablage März/April, Gelege 4–5 Eier, Brutdauer 28–30 Tage, Nestlingszeit 40–45 Tage.
Verhalten: Jagt Bodentiere in langsamem Suchflug oder von Bodenwarten aus.

Falken (Falconidae)

Lanner auf Sitzwarte

Lanner im Flug

Lannerfalken leben in Dauerehe: Männchen und Weibchen halten das ganze Jahr über eng zusammen. Oft geht das Paar auch gemeinsam auf die Vogeljagd. Dabei treibt einer der Gatten dem anderen die Beute zu.

Lanner

Falco biarmicus

Kennzeichen: In der Färbung wie ein heller Wanderfalke (→ Seite 104), Oberseite und Schwanz brauner, Bartstreif sehr schmal, Unterseite weißlich, dunkel gefleckt. Beide Geschlechter gleich gefärbt, Weibchen größer. Schnabel blaugrau Wachshaut gelb, Füße gelb, Iris dunkelbraun.
43 cm, 500 – 900 g.
Flug: Vom Wanderfalken durch die schlankere Gestalt, den längeren Schwanz und die weniger spitzen Flügel zu unterscheiden. Fliegt weniger rasant.
Verbreitung: Süditalien, Sizilien, Balkanhalbinsel, Arabische Halbinsel bis Kleinasien, Afrika.
Lebensraum: Offenes Gelände, Stein- und Halbwüsten.
Stimme: Weiches „Lahnen“ (Betteln) und rauhe Rufe wie „ki ki ki ki“.
Nahrung: Vorwiegend Vögel (Felsentauben, Steinhühner, Flughühner, Rötelfalken), in nahrungsarmen Gebieten auch Reptilien und Insekten.
Brut: Felshorst. Eiablage Februar/März, Gelege 3–4 Eier, Brutdauer 31–38 Tage, Nestlingszeit 45 Tage. Beide Partner brüten.
Verhalten: Jagt vorwiegend fliegende Beute.

Falken (Falconidae)

Gerfalke am Horst mit Jungen, graue Morphe

Gerfalke

Falco rusticolus

Kennzeichen: Größte Falkenart der Erde. Die Färbung des Gefieders ist sehr variabel von Reinweiß in hocharktischen Gebieten über Weiß mit dunklen Flecken auf der Oberseite bis Dunkelgrau und Graubraun in der Subarktis. Ohne Bartstreif, Spitzen der Handschwingen fast immer dunkel. Schnabel dunkler Vögel blaugrau mit gelber Basis, heller Vögel horngelb, Wachshaut gelb, Füße gelb, Iris dunkelbraun. Beide Geschlechter gleich gefärbt, Weibchen größer als Männchen. Jungvögel vorwiegend braun gefärbt. 51–56 cm, 1000–1600 g.
Flug: Im Flug dem Wanderfalken ähnlich, jedoch helleres Gefieder, Schwanz länger, Flügel nicht so spitz, breiter und kürzer, fliegt mit langsameren Flügelschlägen, ist jedoch schneller im Flug als der Wanderfalke.
Verbreitung: Hoher Norden Europas und Asiens, Grönland, arktisches Nordamerika.
Lebensraum: Felsgebiete über der Baumgrenze, weite Flußtäler, offene Tundra, felsige Meeresküsten.
Stimme: Bei Erregung durchdringend „kjack kjack“, rauhe, gackernde

Falken (Falconidae)

Gerfalke (weiße Morphe) rupft Stockente

Warnrufe. Wenig stimmfreudig.
Nahrung: Vögel, Mäuse, Lemminge, Ziesel, Schneehasen.
Brut: Bevorzugte Horstplätze sind unzugängliche Felswände oberhalb der Baumgrenze. Sie besetzen Bussard- oder Kolkrabennester in einer Höhlung oder einer Felsnische unter einem Überhang. In der Waldtundra werden auch Baumhorste vom Rauhfußbussard bezogen. Eiablage April/Mai, Gelege 3–5 Eier, Brutdauer 28–29 Tage, Nestlingszeit 46–49 Tage. Hauptsächlich das Weibchen brütet, wird aber vom Männchen mit Nahrung versorgt. Nach dem Ausfliegen werden die Jungen noch etwa 4 Wochen von den Eltern gefüttert. Die Paare sind reviertreu und bleiben ihr ganzes Leben zusammen.
Verhalten: Der Gerfalke stößt aus kreisendem Suchflug auf fliegende Vögel, sucht in niedrigem und langsamem Pirschflug das Gelände ab oder fliegt niedrig über dem Boden, um seine Beutetiere zu überraschen.
Nordeuropäische Gerfalken sind meist Standvögel. Die skandinavischen Jungfalken streifen im Herbst oft weit umher und erreichen gelegentlich die deutschen Nord- und Ostseeküsten.
Der Gerfalke war im Mittelalter ein beliebtes Gastgeschenk der dänischen Könige an befreundete Fürstenhöfe. Da er außerhalb der Arktis gegen Schimmelpilzerkrankungen (Aspergillosen) sehr empfindlich ist, war diesen Beizvögeln jedoch kein langes Leben beschieden.

Falken (Falconidae)

Wanderfalkenpaar, links das größere Weibchen

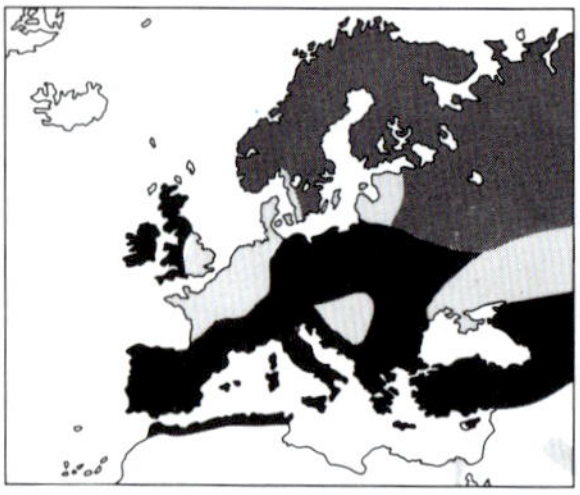

Wanderfalke

Falco peregrinus

Kennzeichen: Großer, kompakt gebauter Falke mit spitzen Flügeln und kurzem Schwanz. Gefieder kontrastreich gefärbt, Oberseite schiefergrau, Oberkopf und Bartstreif schwärzlich, Unterseite weißlich, eng gebändert, mitteleuropäische Rasse mit rostrotem Anflug, Schwanz mit schwarzen Querbinden. Schnabel hell bläulich mit dunkler Spitze, Wachshaut gelb, Füße gelb, Krallen schwarz, Iris schwarz. Weibchen im ganzen dunkler und größer als Männchen.
38–48 cm, 550–1100 g.
Flug: Flugbild ankerartig, Flügel lang und spitz, Schwanz relativ kurz, zur Spitze hin etwas schmaler werdend. Fliegt mit schnellen, flachen Flügelschlägen, durch kurze Gleitstrecken unterbrochen. Segelt gelegentlich im Aufwind.
Verbreitung: Weltweit verbreitet: Europa, Asien, Afrika, Nord- und Südamerika, Australien, Tasmanien, pazifische Inselwelt.
Lebensraum: Sehr vielseitig, offenes oder nur leicht bewaldetes Gelände, lockeres Waldland, Tundra, Halbwüsten, Meeresküste, tiefere Gebirgslagen, Steilküsten, Steinbrüche, steile Flußtäler.
Stimme: Während der Balz

Falken (Falconidae)

Junge Wanderfalken

häufig ein klagend-tremolierendes, langgezogenes „gääääih" („Lahnen"), Erregungsruf scharfes „kozickkozick".
Nahrung: Wanderfalken sind Verfolgungsjäger, die vorwiegend fliegende Beute fangen und sich fast ausschließlich von Vögeln ernähren. Die Haustaube nimmt in vielen Gebieten den Hauptteil der Beute ein, daneben Stare, Drosseln, Lerchen, Rabenvögel, Möwen und Strandvögel.
Brut: Die mitteleuropäischen Brutvögel nisten meist in geschützten Nischen steiler Felswände, in Norddeutschland und Polen beziehen die Wanderfalken auch Greifvogelhorste in alten Nadel- und Laubbäumen, gelegentlich brüten die Vögel auch an hohen Gebäuden. Eiablage März/April, Gelege 3–4 Eier, Brutdauer 28–29 Tage, Nestlingszeit 35–42 Tage. Beide Partner brüten. Die Paare leben in Dauerehe und beziehen oft die gleichen Nistplätze.
Verhalten: Der Jagdflug des Wanderfalken beginnt entweder von einer erhöhten Warte aus oder aus dem Spähflug. Ist die Beute überstiegen, dann legt der Falke die Flügel an und stößt in rasender Geschwindigkeit (kurzfristig bis 300 km/h) auf das Opfer herunter. Die flüchtenden Vögel werden oft schon durch die Wucht des Aufpralls getötet.
Flügge Jungfalken aus dem mitteleuropäischen Brutgebiet ziehen zum Überwintern in südwestliche Richtung bis zur Iberischen Halbinsel, die Altvögel überwintern meist in der Nähe des Brutgebietes.

Falken (Falconidae)

Baumfalke schützt seine Jungen vor Sonneneinstrahlung

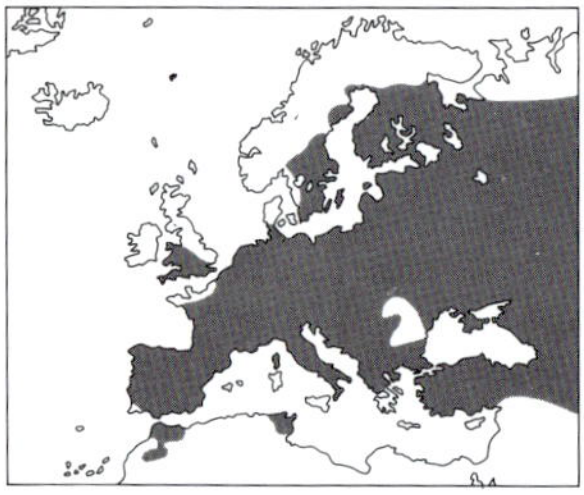

Baumfalke

Falco subbuteo

Kennzeichen: Dem Wanderfalken (→ Seite 104) in Färbung und Zeichnung sehr ähnlich, jedoch kleiner, zierlicher und schlanker, mit längeren, schmaleren Flügeln. Oberseite dunkel schiefergrau, Wangen und Kehle weiß, Unterseite weiß mit auffallenden schwärzlichen Flecken, rostbraune „Hosen", deutlicher Bartstreif. Schnabel grau mit dunkler Spitze, Wachshaut gelb, Füße gelb, Iris dunkelbraun. Beide Geschlechter gleich gefärbt, Weibchen etwas größer. Jungvögel mit braungrauer Oberseite, hellbrauner Unterseite, ohne rote „Hosen". 30–36 cm, 150–340 g.

Flug: Wirkt im Flug wie ein kleiner Wanderfalke, die Flügel sind jedoch im Verhältnis zur Körpergröße länger, viel schmaler und spitzer. Im Jagdflug mit sichelförmigen Schwingen und kurzem Schwanz. Segelt mit gespreiztem Schwanz im Aufwind und rüttelt nur selten.

Verbreitung: Von Portugal und Nordwestafrika ostwärts bis zum Pazifik.

Lebensraum: Offene Landschaft, Moore, Heiden, Verlandungszonen von Seen, lichte, trockene Wälder, gewässerreiches Tiefland.

Falken (Falconidae)

Baumfalke auf Sitzwarte

Baumfalke im Flug

Stimme: Während der Brutzeit und Jungenaufzucht schnelles „gjägjägjägjä" oder „kjükjükjü" oder turmfalkenähnlich „kikikiki".

Nahrung: Ausschließlich fliegende Kleinvögel (Schwalben, Lerchen, Segler, Sperlinge, Finken, Stare, Amseln) und fliegende Insekten (Libellen und Käfer), im afrikanischen Winterquartier schwärmende Termiten.

Brut: Baumfalken bauen keine eigenen Nester sondern beziehen alte Greifvogel-, Krähen- oder Taubennester auf hohen Nadelbäumen. Eiablage Juni, Gelege 2–4 Eier, Brutdauer 28 Tage, Nestlingszeit 28–32 Tage. Wenn im Juni die meisten Kleinvögel bereits flügge Junge haben, und das Angebot an Fluginsekten am größten ist, beginnen die Baumfalken mit ihrer Brut. Es brütet hauptsächlich das Weibchen, das Männchen versorgt es jedoch mit Nahrung und bewacht es. Einzelne Paare halten oft über Jahre zusammen.

Verhalten: Von allen Greifvögeln ist der Baumfalke aufgrund seines schnittigen Körperbaus am besten an die Jagd im freien Luftraum angepaßt. Er jagt in schnellem Flug (kurzzeitige Geschwindigkeiten von 240km/h) fliegende Kleinvögel und Insekten. Mitunter jagen mehrere Vögel zusammen auf schwärmende Insekten oder Trupps von Vögeln. Ende September ziehen die europäischen Baumfalken in ihr Winterquartier nach Ost- und Südafrika, um Mitte April bis Anfang Mai wieder ins Brutgebiet zurückzukehren.

Falken (Falconidae)

Eleonorenfalke mit Beute, helle Morphe

Eleonorenfalke

Falco eleonorae

Kennzeichen: Dem Baumfalken (→ Seite 106) sehr ähnlich, aber etwas größer und langschwänziger. Die Flügel reichen im Sitzen bis zum Schwanzende. Eleonorenfalken kommen in zwei verschiedenen Farbvarianten vor: Die helle Morphe ähnelt dem Baumfalken, hat jedoch eine dunkelbraune bis schwarze Ober- und eine rostbraune bis helle Unterseite mit dunklen Längsflecken, sowie rostbraune „Hosen“, Kehle und Wangen sind weißlich. Die dunkle Morphe ist einfarbig schwarzbraun gefärbt. Schnabel blaugrau, Füße gelblich, Krallen schwarz, Iris braunschwarz. Beide Geschlechter sind gleich gefärbt, die Weibchen sind etwas größer als die Männchen. Die Jungvögel sind allgemein heller gefärbt, Unterflügel und Schwanz sind gebändert. 36–40 cm, 350–400 g.

Flug: Das Flugbild ist baumfalkenähnlich, die Flügel sind jedoch länger und schmäler.

Verbreitung: Östliche Kanarische Inseln, Küsten von Westmarokko, Nordostalgerien und Tunesien, Inseln des Mittelmeeres.

Lebensraum: Baumlose Felseninseln, Steilküsten.

Stimme: Am Brutplatz „kjä kjä kjä“ oder „kjikjikji“.

Falken (Falconidae)

Eleonorenfalke mit Beute, dunkle Morphe

Eleonorenfalke im Flug

Im Unterschied zum Baumfalken hat der Eleonorenfalke längere und schmälere Flügel.

Nahrung: Im Brutgebiet vorwiegend fliegende Zugvögel bis Turteltaubengröße (Würger, Laubsänger, Grasmücken, Nachtigallen, Lerchen); im Winterquartier ausschließlich Insekten wie Zikaden, Heuschrecken und Käfer.
Brut: Eleonorenfalken brüten in Kolonien von bis zu 50 Paaren in Löchern und Nischen von Steilwänden und auf dem Boden einsam gelegener, kahler Felsinseln. Eiablage Juli/August, Gelege 2–3 Eier, Brutdauer 28–33 Tage, Nestlingszeit 28–35 Tage. Es brütet hauptsächlich das Weibchen, das vom Männchen mit Nahrung versorgt wird.
Verhalten: Um die Zugvogelschwärme so gut wie möglich auszunutzen, verteilen sich die Eleonorenfalken einer Insel – oft über 100 Falken – in bis zu tausend Meter Höhe auf eine ein bis zwei Kilometer breite „Front". Im Gegenwind auf der Stelle fliegend erwarten sie die ankommenden Zugvögel , die – vom Flug über das Meer erschöpft – zur leichten Beute werden. Die Jagdaktivität ist in den Vormittagsstunden am größten, da auch der Kleinvogelzug zu dieser Zeit am intensivsten ist.
Im Oktober, wenn die Jungen gerade selbständig geworden sind, verlassen die Eleonorenfalken ihr Brutgebiet und ziehen zum Überwintern entlang der Küste Ostafrikas bis nach Madagaskar und den benachbarten Inseln. Im April kehren sie dann wieder zu ihren Brutplätzen zurück (→ Seite 40).

Falken (Falconidae)

Turmfalken-Männchen mit frischer Beute

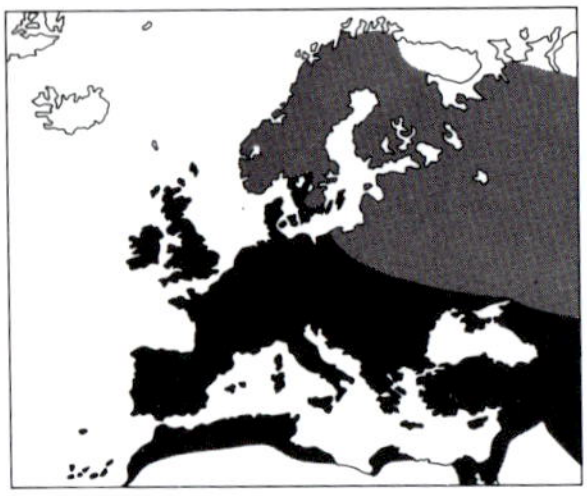

Turmfalke

Falco tinnunculus

Kennzeichen: Einer der häufigsten Greifvögel Europas. Kleiner, schlanker Falke mit langen, spitzen Flügeln und langem Schwanz. Männchen mit blaugrauem Oberkopf und blaugrauen Wangen, Rücken rotbraun mit schwarzen Tropfenflecken, Schwanz aschgrau mit breiter schwarzer Endbinde und schmalem, weißem Saum, Schwingen braunschwarz, Unterseite rahmfarben mit dunklen Längsflecken. Weibchen zimtbraun mit schwarzen Flecken, Schwanz braunschwarz gebändert, mit schwarzer Endbinde. Schnabel grau mit gelber Basis und dunkler Spitze, Wachshaut gelb, Füße gelb, Krallen schwarz, Iris dunkelbraun.
34 cm, 150–280 g.

Flug: Fliegt mit hastigen, flachen Flügelschlägen, die selten von kurzen Gleitphasen unterbrochen werden. Steht oft rüttelnd in der Luft; der Vogel richtet dabei die Körperlängsachse um 45° auf und schlägt die Flügel relativ flach auf und ab, er „hängt“ gewissermaßen in der Luft. Der Schwanz wird dabei herabgedrückt und stark gespreizt. Bei stärkerem Wind rüttelt der Vogel in horizontaler Kör-

Falken (Falconidae)

Rüttelnder Turmfalke, Männchen

Im Rüttelflug mit schnellen, flachen Flügelschlägen in der Luft stehend kann der Turmfalke Bewegungen von Beutetieren am Boden beobachten und seine Chancen für einen Angriff abwägen.

Turmfalke (Weibchen) im Streckenflug

perlage und reguliert seine Vorwärtsbewegungen so, daß sie sich mit der Windgeschwindigkeit aufheben.
Verbreitung: Europa, Asien, Afrika bis zum Kapland.
Lebensraum: Von der Meeresküste bis zum Hochgebirge mit Ausnahme geschlossener Wälder, auch mitten in der Stadt.
Stimme: Ruft laut und hell „kikikikiki", in Horstnähe langanhaltendes „wriii", vibrierend „zrirr" oder kurze „zick"-Laute.
Nahrung: Hauptsächlich Feld- und Schermäuse, aber auch Spitzmäuse, Waldmäuse, große Insekten, Eidechsen und Jungvögel.
Brut: Turmfalken bauen keine eigenen Nester und sind in der Wahl ihres Horstplatzes sehr vielseitig. Sie besetzen alte Greifvogel-, Krähen- und Reihernester, brüten in Baum- oder Felshöhlen, Steinbrüchen und Halbhöhlen, aber auch in Nischen und Mauerlöchern an hohen Gebäuden. Eiablage April/Mai, Gelege 4–6 Eier, Brutdauer 27–31 Tage, Nestlingszeit 28–32 Tage. Nur das Weibchen brütet. Es wird jedoch vom Männchen mit Nahrung versorgt und auch kurzzeitig abgelöst, wenn es ein Beutetier verzehrt. Die Jungen werden nach dem Ausfliegen noch etwa 4 Wochen von den Eltern mit Nahrung versorgt.
Verhalten: Der Turmfalke jagt entweder aus dem Spähflug mit häufigem Rütteln oder von einer Sitzwarte aus. Artgenossen werden durch Luftattacken aus dem Nahrungs- und Brutrevier vertrieben.

Falken (Falconidae)

Ein Rötelfalken-Männchen (rechts) übergibt seinem Weibchen Beute

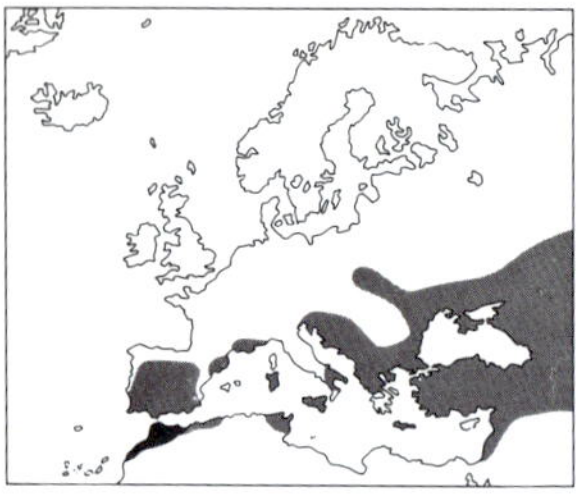

Rötelfalke

Falco naumanni

Kennzeichen: Der Rötelfalke ist von dem größeren Turmfalken (→ Seite 110/111) nur schwer zu unterscheiden. Männchen mit rostroter, im Unterschied zum Turmfalken ungefleckter Oberseite; Kopf und Schwanz blaugrau; Unterseite rahmfarben und nur spärlich dunkel gefleckt. Weibchen vom Turmfalken-Weibchen nur anhand der andersartigen Rufe eindeutig zu unterscheiden, Kopf und Rücken zimtbraun; Schwanz rotbraun gebändert. Krallen bei beiden Geschlechtern hell hornfarben, nicht schwarz wie beim Turmfalken.
30 cm, 130–180 g.
Flug: Der Rötelfalke fliegt und rüttelt mit weniger hastigen Flügelschlägen als der Turmfalke und segelt häufig in Aufwinden. Er wirkt im Flugbild heller als der Turmfalke, beim Männchen sind die blaugrauen Armdecken auffallend; Schwanz schmaler als beim Turmfalken, die beiden mittleren Steuerfedern überragen etwas die anderen.
Verbreitung: Von Südportugal, Spanien und Nordwestafrika ostwärts über Südeuropa bis Turkestan und Nordchina.
Lebensraum: Offene,

Falken (Falconidae)

Beim Rüttelflug spreizt der Rötelfalke den Schwanz

trockene und warme Gegenden wie Waldsteppen, Steppen und Halbwüsten. Jagt auch über Äckern und Feldern mit niedriger Vegetation.
Stimme: Ruft heiser „tche tche tche", bei Erregung „gigik" oder „tchitschit", bei der Balz „die die die" und ansteigendes „huiii"; stimmfreudiger als der Turmfalke.
Nahrung: Der Rötelfalke jagt im Gegensatz zum Turmfalken überwiegend Insekten, vor allem Heuschrecken, Grillen und große Käfer, aber auch Tausendfüßler, Spinnen kleine Reptilien und Kleinsäuger.
Brut: Rötelfalken brüten stets gesellig, oft in großen Kolonien von über hundert Paaren in großen Baumhöhlen, Höhlen in Fels- und Uferwänden, aber auch in Ruinen und Mauerlöchern von Gebäuden in der Stadt. In Mitteleuropa liegen die einzigen regelmäßigen Brutvorkommen des Rötelfalkens in Südkärnten und der südlichen Steiermark. Eiablage im April/Mai, Gelege 3–6 Eier, Brutdauer 28–29 Tage, Nestlingszeit 26–28 Tage. Beide Partner brüten abwechselnd und füttern die Jungen gemeinsam. Zwei Wochen nachdem die Jungfalken flügge geworden sind, verlassen sie das Brutgebiet und streifen umher.
Verhalten: Rötelfalken sind Zugvögel, die spätestens im September in ihr Winterquartier in die Steppen und Savannen Ost- und Südafrikas ziehen und erst im März oder April wieder in ihr Brutgebiet zurückkehren.

Falken (Falconidae)

Rotfußfalke, Weibchen: Flügelstrecken

Rotfußfalke im Flug

Rotfußfalke, Männchen

Seine Gewohnheit, bis weit in die Dämmerung hinein zu jagen, hat dem Rotfußfalken die Bezeichnung „Abendfalke" eingetragen. Die Insektenbeute wird oft schon in der Luft verzehrt.

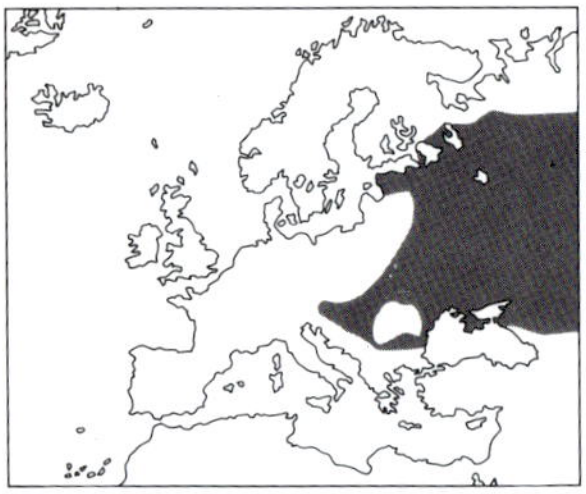

Rotfußfalke

Falco vespertinus

Kennzeichen: Kleiner als Turm- und Baumfalke. Männchen dunkelgrau mit rostroten „Hosen" und Unterschwanzdecken. Weibchen Oberseite und Schwanz braungrau mit schwarzer Querbänderung, Schwingen grauschwarz, Unterseite roströtlich mit feinen dunklen Längsstrichen. Schnabel graublau, Wachshaut gelb, Füße gelb, Iris dunkelbraun. 30 cm, 110–190 g.

Flug: Flugbild baumfalkenähnlich (→ Seite 106), aber langschwänziger; rüttelt häufig.

Verbreitung: Von Südosteuropa bis zur Mandschurei.

Lebensraum: Offenes Gelände mit Baumgruppen, Flußauen, Feldgehölze, Waldränder.

Stimme: In Kolonien ruffreudig, helles turmfalkenähnliches „kikiki".

Nahrung: Vorwiegend Insekten.

Brut: Besetzen alte Nester von Elstern und Krähen. Eiablage Mai/Juni, Gelege 3–5 Eier, Brutdauer 22–23 Tage, Nestlingszeit 26 Tage.

Verhalten: Rotfußfalken sind gesellig und brüten in Kolonien von 10–20 Paaren. Im Spätsommer ziehen sie in ihr Winterquartier in die Steppen und Savannen Ost- und Südafrikas.

Falken (Falconidae)

Merlin-Paar am Nest mit Jungen

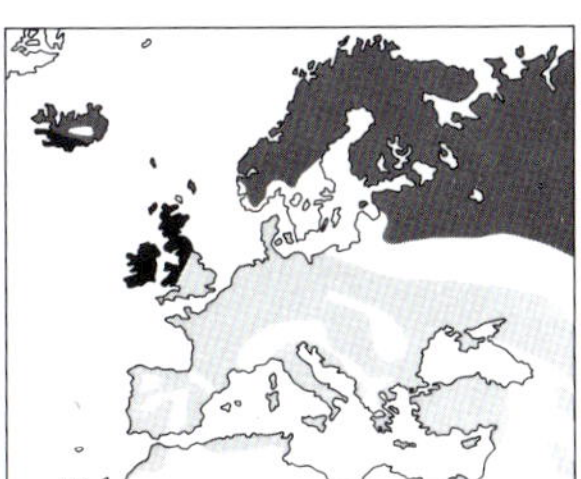

Merlin

Falco columbarius

Kennzeichen: Kleinster Falke in Mitteleuropa. Männchen Oberseite schiefergrau, Nacken rostrot, Unterseite hell rostfarben mit dunkler Längsfleckung. Weibchen Oberseite dunkelbraun, Unterseite weißlich, dunkel längsgefleckt, Schwanz hell-dunkel quergebändert. Schnabel bläulich, Wachshaut chromgelb, Füße gelb, Iris dunkelbraun. Weibchen größer. 27–33 cm, 160–210 g.

Flug: Turmfalkenähnlich, jedoch mehr schwebend und weniger rüttelnd.

Verbreitung: Taiga und Waldtundrenzone Eurasiens und Nordamerikas, Gebirge Zentralasiens.

Lebensraum: Offenes, baumarmes Gelände, Hochmoore, Zwergstrauchgebiete.

Stimme: Turmfalkenähnlich „kikikiki".

Nahrung: Vögel bis Drosselgröße, zur Brutzeit auch Kleinnager.

Brut: Besetzt alte Greifvogel- und Krähennester. Eiablage Mai/Juni, Gelege 4–5 Eier, Brutdauer 28–32 Tage, Nestlingszeit 25–27 Tage. Beide Partner brüten. Die Jungen werden am Anfang fast ausschließlich vom Weibchen gefüttert.

Verhalten: Der Merlin schlägt seine Beute hauptsächlich in der Luft, häufig aus niedrigem Flug heraus.

Kennfarbe Grün

Eulen

Eulen jagen vorwiegend in der Dämmerung und Nacht. An diese Lebensweise sind sie in Körperbau, Sinnesleistungen und im Verhalten angepaßt. Die Augen sind nach vorn gerichtet und starr mit dem Schädel verbunden. Durch die große Anzahl und Dichte lichtempfindlicher Zellen auf der Netzhaut ist die Dämmerungsleistung des Eulenauges besonders hoch. Auch das Gehör der Eulen ist ungewöhnlich leistungsfähig. Die Gesichtsschleier sind verstellbare Schalltrichter, die dem Ohr die eintreffenden Schallwellen zuleiten. Das Gefieder ist weich, der Flug nahezu geräuschlos. Die Geschlechter sind meist gleich gefärbt und gleich groß. Die Eulen bilden eine Ordnung (Strigiformes) mit den beiden Familien Schleiereulen (Tytonidae) und Ohreulen und Käuze (Strigidae).

Die Schleiereule jagt nur in tiefer Nacht. Ihr ausgeprägter Gesichtsschleier ist ein Schalltrichter, der die von der Beute ausgehenden Schallwellen dem Ohr zuleitet.

Schleiereulen (Tytonidae)

Schleiereulen-Paar mit Jungen bei der Futterübergabe

Schleiereule

Tyto alba

Kennzeichen: Kleiner als Waldkauz (→ Seite 136) mit weißlichem, herzförmigem, scharf begrenztem Gesichtsschleier, sehr langen Flügeln, langen Beinen und kurzem Schwanz. Oberseite grau meliert mit goldbraunen Flecken und feinen weißen und schwarzen Punkten. Unterseite bei der mitteleuropäischen Rasse *(Tyto alba guttata)* hellbraun mit feinen schwarzen Punkten übersät, bei der südlichen Rasse *(Tyto alba ernesti)* weiß und nur schwach gepunktet. Schnabel gelblich bis grauweiß, Füße gelbbraun bis braun, Iris dunkel- bis schwarzbraun. Beide Geschlechter gleich gefärbt, Weibchen etwas schwerer. 34 cm, 300–400 g.

Flug: Fliegt lautlos mit weichen, tief ausholenden Flügelschlägen.

Verbreitung: Weltweit verbreitet, fehlt nur in Nord- und Osteuropa sowie im größten Teil Asiens.

Lebensraum: Reich strukturierte, offene Kulturlandschaften mit alten Gebäuden, Scheunen, Ställen, Mauerwerk, Kirchen.

Stimme: Warnt mit kurzen, schrillen „chräi“-Rufen, zur Abwehr fauchende Laute und Schnabelknappen, Drohrauschen; Bettelrufe nächtelanges, weit

Schleiereulen (Tytonidae)

Schleiereulen-Jungvögel

Schleiereulen nehmen gerne Nistkästen an, da natürliche Nistplätze immer seltener zugänglich sind.

Schleiereule: Nestling im wolligen Übergangskleid

hörbares „Bettelschnarchen"; zur Brutzeit etwa 2 Sekunden lang andauernde Kreisch- und Schnurrlaute.
Nahrung: Hauptsächlich Kleinsäuger, vor allem Mäuse und Spitzmäuse, selten Vögel, Reptilien und große Insekten. Die Beutetiere wiegen maximal 200 g, mehr kann die Eule nicht tragen.
Brut: Nistplatz in dunklen Winkeln in hohen Gebäuden, in Mauerlöchern, gelegentlich auch in Baumhöhlen, Felsnischen oder Erdlöchern. Die Eier liegen auf einer Schicht aus zerfallenen Gewöllen. Eiablage April/Mai und Juli/August, Gelege 4–7 Eier, Brutdauer 30–34 Tage, Nestlingszeit 44–67 Tage. Das Weibchen brütet ab dem ersten Ei, die Jungvögel einer Brut sind dann unterschiedlich groß. Das Männchen versorgt Weibchen und Jungvögel mit Nahrung. Die Jungen sind mit 62–67 Tagen flugfähig. Schleiereulen leben in Dauerehe.
Verhalten: Schleiereulen sind nachtaktiv und jagen fast ausschließlich bei völliger Dunkelheit. Sie erjagen ihre Beute in niedrigem Suchflug oder aus dem Ansitz heraus. Die Beute wird in der Regel akustisch lokalisiert und entweder mit einem Genickbiß getötet oder abwechselnd mit den Krallen totgedrückt und im Schnabel durchgeschüttelt. Altvögel sind standorttreu, bleiben oft jahrelang in ihrem Revier, und verbringen hier auch die Winterzeit. Nur in feldmausarmen Jahren wandern die Altvögel ab und kehren dann nicht mehr in ihr angestammtes Revier zurück.

Ohreulen und Käuze (Strigidae)

Schnee-Eule, Weibchen in seinem stark gebänderten Kleid

Schnee-Eule

Nyctea scandiaca

Kennzeichen: Fast uhugroße Eule mit rundem Kopf und sehr kleinen, meist nicht sichtbaren Federohren mit schwarzer Spitze. Männchen: Gefieder fast ganz weiß, nur wenige dunkelbraune Flecken am Oberkopf, auf den Flügeldecken und am Bauch; Handschwingen mit dunklen Spitzen, Schwanz meist mit einer oder zwei dunkelbraunen Binden, manchmal reinweiß; Lauf und Zehen stark befiedert (Federschuhe). Weibchen ähnlich wie Männchen, aber etwas größer und auf Ober- und Unterseite meist stark dunkelbraun wellig gebändert, Schwanz mit vier oder mehr dunklen Querbinden; Gesicht und Kehle jedoch stets reinweiß. Schnabel schwarz, Iris leuchtendgelb. Jungvögel dunkelbraun mit schmutzigweißer, schmaler Bänderung.
55–66 cm, 1700–2300 g.
Flug: Bussardähnlich, auffallend lange, runde Flügel, gleitet viel.
Verbreitung: Norden von Schweden, Norwegen und Finnland, Grönland, Nordrußland und Sibirien, arktisches Nordamerika. Ungefähr alle 4 Jahre invasionsartige Wanderungen nach Süden, nur ausnahmsweise bis Westdeutschland,

Schnee-Eule, Männchen im Flug

Holland und Belgien.
Lebensraum: Arktische Tundra jenseits der Baumgrenze, felsiges Hügelland, übersichtliches Gelände mit Bodenerhöhungen, außerhalb der Brutzeit in offenem Gelände, vor allem an der Küste.
Stimme: Bei Erregung gereihtes „Gackern", Warnruf hart „kräh" oder tief „kruh"; zur Brutzeit gereihtes, bellendes „wou" oder „chruh", bis 10 km weit hörbar.
Nahrung: Hauptsächlich Lemminge, aber auch andere Säugetiere bis Schneehasengröße und Vögel (Schneehühner).
Brut: Nest flache Bodenmulde an einer erhöhten Stelle in kahlem, trockenem Gelände mit guter Rundumsicht. Eiablage Mai, Gelege 4–10 (11) Eier, Brutdauer 32–33 Tage, Nestlingszeit etwa 25 Tage. Das Weibchen brütet schon ab dem ersten Ei und wird vom Männchen gefüttert. Schnee-Eulen leben monogam in Saisonehe.
Verhalten: Schnee-Eulen sind tag- und dämmerungsaktiv. Sie überwältigen ihre Beute nach kurzem Angriffsflug von einer Warte aus am Boden. Um bei kurzzeitigem Nahrungsmangel nicht zu verhungern, legen die Vögel das ganze Jahr über Vorräte an, darüber hinaus verfügen sie im Winter oft über so große Fettreserven, daß sie bis zu 40 Tage ohne Nahrung auskommen können. Ab August verlassen Alt- und Jungvögel das Brutgebiet und wandern in Richtung Süden. Ab März treffen die europäischen Schnee-Eulen wieder in ihren Brutgebieten ein.

Ohreulen und Käuze (Strigidae)

Uhu vor seinem Nistplatz in einer Felswand

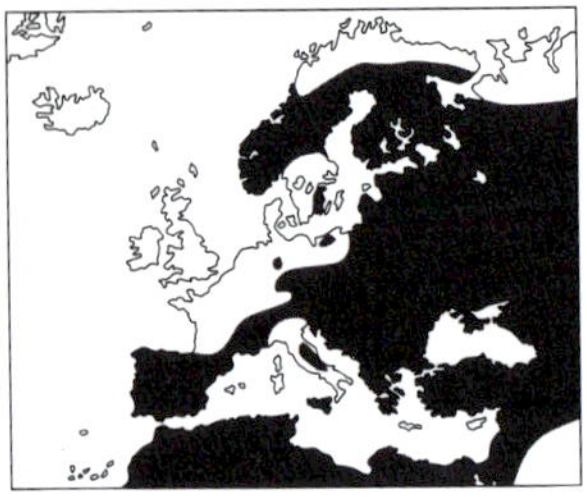

Uhu

Bubo bubo

Kennzeichen: Größte Eule Europas. Beide Geschlechter gleich gefärbt, Weibchen etwas größer. Kräftige, gedrungene Gestalt mit langen, in Ruhe waagerecht abstehenden Federohren und großen, orangeroten Augen, Gesichtsschleier ohne Zeichnung. Beine und Füße befiedert. Gefieder gelbbraun, Oberseite braunschwarz gefleckt, Brust breit, Bauch fein braunschwarz längsgestrichelt; Flügelunterseiten hell.
66–71 cm. 2000–3000 g.
Flug: Typisch für das Flugbild sind der dicke Kopf und lange, ziemlich breite Flügel. Flug lautlos. Ruderflug wechselt mit Gleitphasen. Jagt in niedrigem Suchflug oder stößt von einer Warte aus auf die Beute herunter.
Verbreitung: Von Westeuropa und Nordafrika bis Ostasien (Sachalin).
Lebensraum: Vor allem felsige Regionen der Gebirge oder Flußtäler, in denen Waldgebiete und freie Flächen abwechseln. Jagt vorwiegend in offenem Gelände.
Stimme: Warnruf kreischend „chrää“; zur Brutzeit weit hörbar dumpf „buho“, „uuo“ oder „hohoho“, dazu kichernde und bellende Laute. Bettelrufe

Ohreulen und Käuze (Strigidae)

Uhu: Nestling in Abwehrhaltung

der Jungen ein eigenartiges „chzscht".
Nahrung: Wirbeltiere von Feldmaus- bis Hasen- und Auerhuhngröße, bisweilen auch Fische aus seichten Gewässern. In vielen Gebieten gehört der Igel zu den Hauptbeutetieren. Er wird sauber aus seinem Stachelkleid „geschält". Auf der sogenannten „Rupfkanzel", einem Felsvorsprung oder kräftigem Ast, wird die Beute dann verzehrt. Unverdauliche Teile, wie Knochen, Haare und Federn, werden in Form mäusegroßer Speiballen (Gewölle) wieder ausgewürgt.
Brut: Als Nistplatz dienen vorwiegend Nischen in Felswänden oder felsigen Steilhängen. Im Flachland brütet der Uhu aber auch in verlassenen Baumhorsten anderer großer Vögel und sogar auf dem Boden. Uhus leben in Dauerehe und besetzen ihre Horstplätze alljährlich wieder. Eiablage März/April. Gelege 2–5 Eier, Brutdauer 31–36 Tage, Nestlingszeit ungefähr 35 Tage. Das Weibchen brütet allein. Die Jungvögel verlassen noch flugunfähig das Nest und halten sich in der Umgebung auf. Erst im Alter von etwa 9 Wochen können sie fliegen, werden aber noch weitere 10–15 Wochen gefüttert. Im September/Oktober verlassen sie das elterliche Revier.
Verhalten: Uhus sind dämmerungs- und nachtaktiv. Bei Erregung stellt der Uhu seine Federohren steil auf. Uhus sind in ihrem gesamten Verbreitungsgebiet Standvögel, die sich auch im Winter nicht weit von ihrem Brutplatz entfernen.

Ohreulen und Käuze (Strigidae)

Waldohreule, Weibchen hudert 14tägige Nestlinge

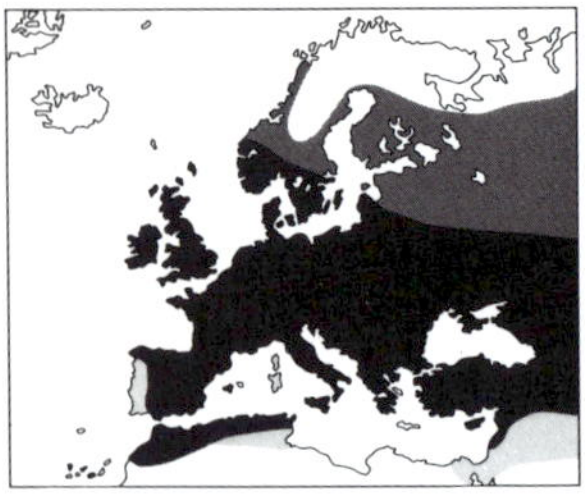

Waldohreule

Asio otus

Kennzeichen: Mittelgroße, bräunlich gefärbte Eule mit auffällig langen Federohren. Kleiner, schlanker und langflügeliger als Waldkauz (→ Seite 136). Deutlicher, scharf begrenzter Gesichtsschleier, Oberseite gelbbraun, dunkel graubraun gefleckt und marmoriert; Unterseite heller gelbbraun mit kräftigen, grob querverzweigten Längsflecken. Schnabel grau, Wachshaut fleischfarben, Füße bräunlichgelb bis graubraun, Krallen schwarzgrau, Iris orangegelb bis chromgelb. Beide Geschlechter fast gleich gefärbt, Weibchen oft etwas dunkler.
36 cm, 250–300 g.
Flug: Gaukelnder Jagdflug über freies Gelände.
Verbreitung: Europa, Asien, Nordamerika, Nordwestafrika.
Lebensraum: Offene Landschaften, die von Nadel- und Mischwaldinseln durchsetzt sind, Friedhöfe und Parkanlagen, große Gärten, Heidegebiete.
Stimme: Warnruf „uäk", auch gereiht; Stimmfühlungslaut fauchend „chwäu"; zur Brutzeit Männchen dumpf und weich „huh", Weibchen heiser „wäö" oder „dschäj". Bettelruf der Jungen hoch „szieh".

Ohreulen und Käuze (Strigidae)

Junge Waldohreule

Waldohreulen sind außerhalb der Brutzeit sehr gesellig. Im Winter schließen sie sich häufig zu Schlafplatzgemeinschaften zusammen, die oft ohne jede Deckung in kahlen Bäumen (hier in einer Birke) die Tagesstunden verbringen.

Waldohreule, Schlafplatzgemeinschaft

Nahrung: Hauptsächlich Mäuse, aber auch Kleinvögel, Insekten, Reptilien, Amphibien, Fische, Krebse, Würmer und Weichtiere.

Brut: Baumbrüter, die kein eigenes Nest bauen, sondern alte Nester von Rabenvögeln oder Turmfalken beziehen, die sie ausbessern oder aufstocken. Eiablage März/April, Gelege 4–6 Eier, Brutdauer 27–28 Tage, Nestlingszeit 18–25 Tage. Das Weibchen brütet ab dem ersten Ei. Waldohreulen leben in monogamer Saisonehe.

Verhalten: Waldohreulen sind dämmerungs- und nachtaktiv. Tagsüber hält sich die Eule in Bäumen versteckt, meist in aufrechter Haltung an den Stamm geschmiegt. Fühlt sie sich von einem Feind entdeckt, legt sie ihr Gefieder dicht an den Körper an, so daß sie extrem schlank wird und einem abgebrochenen Ast ähnelt. In der Dämmerung verläßt sie ihren Tageseinstand und streicht in gaukelndem Jagdflug über freies Gelände oder an Waldrändern entlang. Hat sie ein Beutetier entdeckt, stößt sie in flachem Gleitflug darauf zu und ergreift es mit den Fängen.
Altvögel bleiben in der Regel das ganze Jahr über in ihrem Revier, sie verlassen es nur bei akutem Nahrungsmangel im Winter und suchen dann oft die Umgebung von Siedlungen auf. Die skandinavischen Waldohreulen dagegen ziehen im September nach Mitteleuropa. Oft bilden sie im Winterquartier größere Schlafgemeinschaften. Im März/April kehren sie in ihr Brutrevier zurück.

Ohreulen und Käuze (Strigidae)

Sumpfohreule in den Dünen einer Nordseeinsel

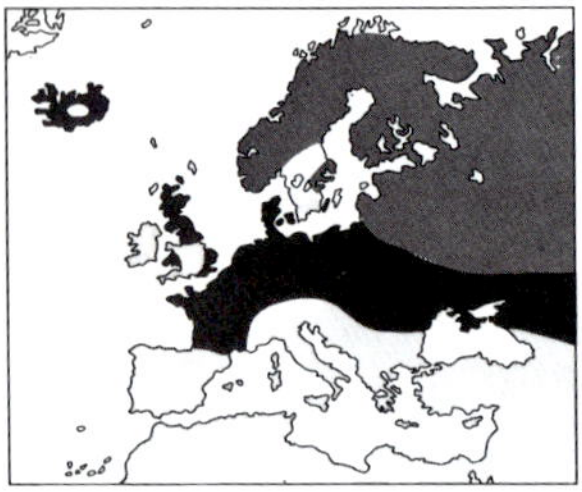

Sumpfohreule

Asio flammeus

Kennzeichen: Etwas größer als Waldohreule, gedrungener und langflügeliger. Federohren nur sehr klein und meist versteckt, deutlicher bräunlichweißer Gesichtsschleier. Oberseite schwarzbraun und rahmfarben gefleckt, Unterseite hell gelblichbraun, an Kehle und Brust kräftig schwarzbraun längsgestrichelt; Schwingen und Schwanz rostgelb mit schmaler, dunkler Bänderung; Flügel unterseits weißlich mit schwärzlicher Spitze und dunklem Fleck am Bug. Schnabel schwarz mit heller Spitze, Füße und Zehen dicht weiß befiedert, Krallen schwarz, Augen gelb mit schwarzen Augenringen. Weibchen ähnlich gefärbt, jedoch meist etwas dunkler als das Männchen und schwerer. 38 cm, 350–400 g.

Flug: Das Flugbild ist gekennzeichnet durch die schmalen, langen Flügel und den dicken Eulenkopf. Typischer weicher und gaukelnder Eulenflug.

Verbreitung: Von Europa (nicht Spanien und Irland) durch das ganze gemäßigte Asien ostwärts bis Kamtschatka, Nord- und Südamerika, Hawai. Brütet in Westdeutschland regelmäßig nur auf den Inseln

Sumpfohreule im Suchflug

vor der Nordseeküste, in Niedersachsen und Schleswig-Holstein.
Lebensraum: Sümpfe und Moore, Feuchtwiesen, Verlandungszonen, Dünen und Tundra.
Stimme: Erregungs- und Warnruf „tjärrp" oder kläffend „käw käw"; Reviergesang das Männchens 8- bis 20silbig „bu-bu-bu", im Tempo variabel; Jungvögel betteln gedehnt schnarchend „kschija".
Nahrung: Hauptsächlich Wühlmäuse und Lemminge, auch Kleinvögel, sehr selten Reptilien, Frösche und große Insekten.
Brut: Baut als einzige europäische Eulenart ein Nest. Das Weibchen scharrt im Boden zwischen Grasbüscheln, Heidekraut und Röhricht oder in niedriger Moor- und Tundravegetation eine Mulde, die es etwa 2 cm dick mit Gras und feinen Zweigen auslegt. Eiablage April/Mai, Gelege 4–8 Eier, Brutdauer 24–28 Tage, Nestlingszeit 12–17 Tage. Das Weibchen brütet allein, ab dem ersten Ei. Das Gelege wird von beiden Vögeln mit heftigen tätlichen Angriffen verteidigt. Sumpfohreulen leben in monogamer Saisonehe.
Verhalten: Sumpfohreulen sind tag- und nacht- und außerhalb der Brutzeit vorwiegend dämmerungsaktiv. Sie jagen fast ausschließlich in niedrigem Such- oder im Rüttelflug.
Ab März vollführen die Männchen Schauflüge, die der Reviermarkierung dienen. Dazu steigen sie in beträchtliche Höhen auf, kreisen bussardähnlich im Aufwind und lassen ihren Reviergesang hören.

Ohreulen und Käuze (Strigidae)

Die Zwergohreule hat ein rindenfarbiges Tarnkleid

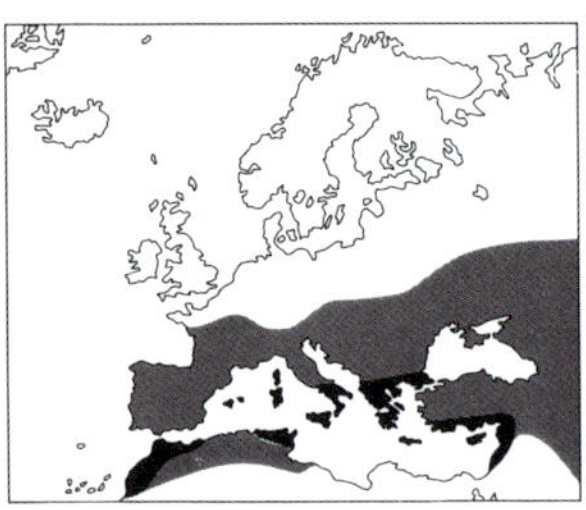

Zwergohreule

Otus scops

Kennzeichen: Kleinste Ohreule, etwa drosselgroß. Gefieder rindenartig gezeichnet. Beide Geschlechter gleich gefärbt. 19 cm, 80–100 g.

Flug: Auffallend langflügelig. Jagt vor allem vom Ansitz aus.

Verbreitung: Südeuropa, Asien, Afrika. In Mitteleuropa regelmäßig nur noch im Mittelwallis, in Kärnten, der Steiermark, den Donauniederungen der Tschechoslowakei und Ungarn.

Lebensraum: Warme und trockene Gebiete mit altem Baumbestand, auch Dörfer und Städte.

Stimme: Alarmruf grell „gwio", „ku-wii" oder gedehnt „piiää". Reviergesang monoton wiederholtes „dju" oder „djüt".

Nahrung: Großinsekten, auch Mäuse, Eidechsen, Frösche, Kleinvögel, Regenwürmer.

Brut: Höhlenbrüter in alten Baumhöhlen oder Mauerlöchern. Eiablage Mai/Juni. Gelege 3–4 Eier, Brutdauer 24–29 Tage, Nestlingszeit 21–29 Tage.

Verhalten: Nachtaktiv, tagsüber in Tarnstellung in Bäumen versteckt ruhend mit aufgestellten Federohren. Zugvogel, der hauptsächlich in Afrika südlich der Sahara überwintert.

Ohreulen und Käuze (Strigidae)

Sperbereule mit Beute

Junge Sperbereule

Die Sperbereule wirkt durch den verhältnismäßig kleinen Kopf mit der flachen Stirn, die gesperberte Brust und den langen, keilförmigen Schwanz eher wie ein Greifvogel.

Sperbereule

Surnia ulula

Kennzeichen: Waldohreulengroß, langschwänzig, kurz- und spitzflügelig. Wirkt durch aufrechte Sitzhaltung und die gesperberte Unterseite greifvogelähnlich. Beide Geschlechter gleich gefärbt. 38 cm, 270–320 g.

Flug: Schneller, gewandter, falkenähnlicher Flug; rüttelt gelegentlich. Jagt von erhöhten Warten, aber auch in niedrigem Suchflug.

Verbreitung: Skandinavien bis Kamtschatka, Nordamerika; in Mitteleuropa nur seltener Wintergast.

Lebensraum: Lärchenwälder der Taiga, Nadelwälder im Gebirge.

Stimme: Warnruf falkenähnlich gellend „kikiki" oder „kwitt kwitt". Reviergesang des Männchens 2–3 Sekunden langes, trillerndes „gügügü-üüüü" oder „u-u-uuuuuu".

Nahrung: Vorwiegend Wühlmäuse, Lemminge, Spitzmäuse, Kleinvögel.

Brut: Brütet in Baumhöhlen oder alten Greifvogelhorsten. Eiablage April/Juni. Gelege 3–13 Eier, Brutdauer 25–30 Tage, Nestlingszeit 30 Tage.

Verhalten: Tag- und dämmerungsaktiv. Sitzt häufig auf Baumspitzen oder Leitungsmasten und wippt mit dem Schwanz.

Sperlingskauz mit naßem Bauchgefieder

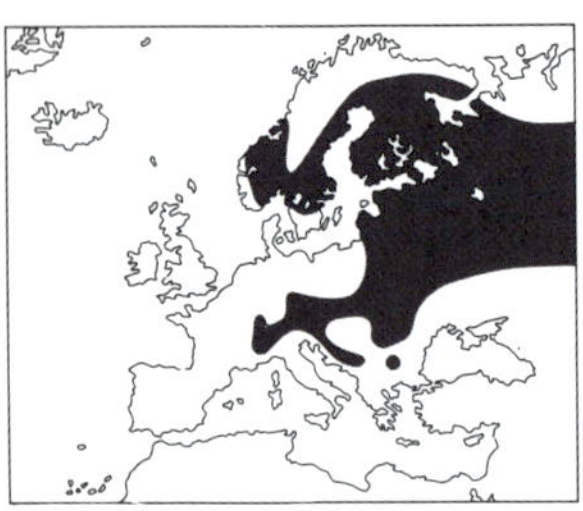

Sperlingskauz

Glaucidium passerinum

Kennzeichen: Kleinste Eule Europas, etwa starengroß. Kopf klein und flach, ohne deutlichen Gesichtsschleier. Oberseite und Gesicht dunkel graubraun, weiß gepunktet; Unterseite weißlich, dunkelbraun längsgestrichelt; Schwanz dunkelbraun mit vier schmalen, weißen Binden. Schnabel gelblich, Wachshaut blaugrau, Iris hellgelb. Beide Geschlechter gleich gefärbt, Weibchen etwas schwerer. Jungvögel weniger stark getupft. 16,5 cm, 60–75 g.
Flug: Wellenförmig oder geradlinig gleitend.
Verbreitung: Von Westskandinavien und dem Alpengebiet ostwärts bis nach Ostsibirien und die Ussurimündung. Brütet in Westdeutschland in den Alpen, im Schwarzwald und den Mittelgebirgen.
Lebensraum: Nadel- oder Mischwälder der Gebirge und Mittelgebirge mit Lichtungen und Schneisen.
Stimme: Warnruf kurz „kiu", auch gereiht, außerdem Schnabelknappen; Reviergesang aus gimpelähnlichen Pfeiftönen gereiht „ühb ühb", vibrierend „ühb üüüü" oder ansteigende Tonfolge. Weibchen weniger ruffreudig, hellere Stimme. Bettelruf der Jungen „sieh" oder si-sip".

Ohreulen und Käuze (Strigidae)

Sperlingskauz von hinten

Der Sperlingskauz sitzt gerne auf erhöhten Warten . Bei Erregung stelzt die Eule ihren Schwanz wie ein Zaunkönig nach oben.

Sperlingskauz bringt Beute zur Nisthöhle

Nahrung: Vor allem Kleinvögel bis Starengröße, daneben Mäuse und Reptilien.
Brut: Als Nistplatz dienen oft Höhlen von Bunt-, Grün- oder Dreizehenspecht, ausnahmsweise auch Nistkästen. Vor der Eiablage wird die Höhle von beiden Partnern gesäubert, das Weibchen scharrt als Unterlage Holzmulm zusammen oder zerknabbert Gewölle. Eiablage April/Mai, Gelege 4–6 Eier, Brutdauer 28–29 Tage, Nestlingszeit 30–34 Tage. Das Weibchen brütet allein, wird aber in dieser Zeit und während der ersten Lebenstage der Jungen vom Männchen mit Nahrung versorgt, die es vor der Höhle übergeben bekommt. Die Jungen verlassen die Nisthöhle erst, wenn sie fliegen können. Sperlingskäuze leben in monogamer Saisonehe.
Verhalten: Sperlingskäuze sind dämmerungs- und tagaktiv. Hat der Kauz von seiner Warte aus ein Beutetier entdeckt, fixiert er es unter kreisenden Kopfbewegungen, schlägt den Schwanz erregt hin und her und bewegt die halb geöffneten Flügel auf und ab. Im passenden Moment startet er dann zu einem Blitzangriff. Er schlägt Vögel auch im Flug. Beuteüberschuß wird im Sommer in Astgabeln, im Winter in Spechthöhlen deponiert. Sperlingskäuze sind Standvögel. Sie verlassen ihre Brutreviere nur bei akutem Nahrungsmangel. In Nord- und Osteuropa ziehen sie dann manchmal invasionsartig Richtung Süden. Die Jungvögel gründen bereits im ersten Herbst ihr eigenes Revier.

Rauhfußkauz

Rauhfußkauz

Aegolius funereus

Kennzeichen: Etwa steinkauzgroß, jedoch langschwänziger, Kopf groß mit hellem, über den Augen hochgezogenem, schwarzbraun umrandetem Gesichtsschleier. Oberseite dunkel graubraun. Stirn fein weiß geperlt, übrige Oberseite grob weiß getupft. Unterseite heller mit graubraun-weißer Schuppenzeichnung, oft verwaschen. Schwanz mit fein gepunkteten Querbinden. Schnabel blaß horngelb, Füße stark weiß befiedert, Krallen grauschwarz, Iris leuchtendgelb mit schwarzem Augenring. Beide Geschlechter gleich gefärbt, Weibchen etwas schwerer als Männchen. Jungvögel schokoladenbraun mit kurzen, weißlichen Augenbrauen sowie kleinen, weißlichen Flecken an den Schnabelseiten, am Kinn, auf Schultern und Flügeln. 25 cm, 100–160 g.

Flug: Fliegt mit ruhigen, geräuscharmen Bewegungen; Streckenflug in geradem Ruderflug.

Verbreitung: Von den Pyrenäen und dem Alpengebiet bis Kamtschatka und Amurgebiet, Nordamerika.

Lebensraum: Von Schneisen und Lichtungen durchsetzte Nadelwälder der Mittel- und Hochgebirge, im Norden auch im Flach-

Ohreulen und Käuze (Strigidae)

Rauhfußkauz beim Anflug auf Beute

land, selten in Laub- und Mischwald.
Stimme: Warnruf schnalzend „zjuck"; Reviergesang des Männchens 1–2 Sekunden lange, anschwellende Reihe aus 5–9 Einzellauten „huhuhuhuhu", außerdem lange Roller-Touren; Weibchen gickerndes „guiguigui".
Nahrung: Vor allem Wühl- und Langschwanzmäuse, aber auch Spitzmäuse und Kleinvögel.
Brut: Höhlenbrüter, der vor allem in alten Schwarzspechthöhlen nistet, aber auch Nistkästen annimmt. Die Höhlen werden nicht gesäubert, und es wird kein Nistmaterial eingetragen. Eiablage April/Mai, Gelege 3–6 Eier, Brutdauer 26–29 Tage, Nestlingszeit 30–32 Tage. Das Weibchen brütet ab dem 2. oder 3. Ei. Es wird während der gesamten Brutdauer und bis zum Ausfliegen der Jungen vom Männchen mit Nahrung versorgt, die dieses in der Höhle übergibt. Das Weibchen zerteilt die Beute und verfüttert sie an die Jungen. Rauhfußkäuze leben in monogamer Saisonehe.
Verhalten: Der Rauhfußkauz ist eine nachtaktive Eule, die tagsüber nahe am Stamm von Nadelbäumen ruht. Er jagt von einer Warte aus an Waldrändern und auf Lichtungen. Die Beute wird hauptsächlich akustisch lokalisiert und im Stoßflug ergriffen. Beuteüberschuß wird im Sommer auf Baumstümpfen oder in Astgabeln, im Winter und zur Brutzeit in Baumhöhlen deponiert. Hauptfeinde dieser Eulenart sind Baummarder und Waldkauz.

Ohreulen und Käuze (Strigidae)

Steinkauz mit Beute

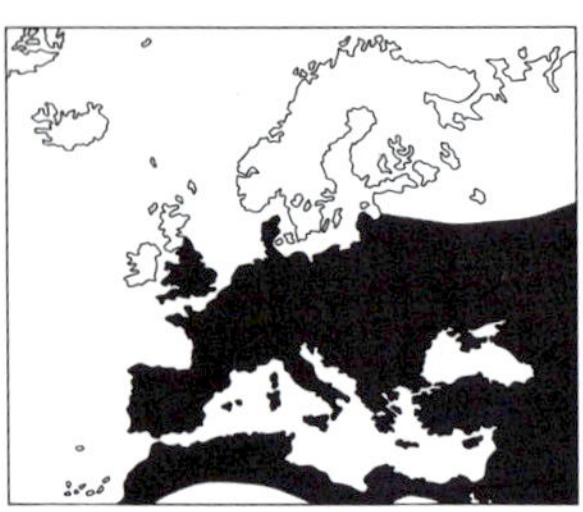

Steinkauz

Athene noctua

Kennzeichen: Kleine, kurzschwänzige Eule mit flachem Oberkopf, niedriger Stirn, undeutlichem Gesichtsschleier, weißen Überaugenstreifen und ohne Federohren. Oberseite braun mit weißen Tupfen, Unterseite gelblichweiß mit braunen Längsflecken. Schnabel graugrün, Zehen braun, Iris hellgelb. Beide Geschlechter gleich gefärbt. Jungvögel etwas blasser in der Färbung.
22 cm, 200 g.
Flug: Fliegt mit ruckartigen Bewegungen und startet zum Flug oft durch einfaches Fallenlassen von höherer Warte aus. Streckenflug in spechtartigem Wellenflug.
Verbreitung: Westeuropa bis zum Amurgebiet, Nord- und Nordostafrika.
Lebensraum: Vorwiegend offenes, nicht zu intensiv bewirtschaftetes Kulturland in den Niederungen mit niedriger Vegetation und reichem Angebot an Sitzwarten und Bruthöhlen; auch in Steinbrüchen, an Steilküsten, in Dünenlandschaften, Obstanbaugebieten, Parkanlagen und in Ortschaften.
Stimme: Warnruf kurz „kju" oder „quiep", bei Erregung durchdringendes „miau" oder „kuwitt", bei

Steinkauz-Junge vor dem Höhleneingang

Steinkauz vor Nisthöhle

Steinkäuze sind Höhlenbrüter, denen man mit selbstgefertigten Niströhren verlorengegangene, natürliche Nisthöhlen ersetzen kann.

Störungen in Nestnähe bellendes „kiff kiffkiff" und Schnabelknappen, Lockruf weiches, aufsteigendes „uuhg"; Reviergesang des Männchens laut „huui" oder „kiwau".
Nahrung: Sehr vielseitig, hauptsächlich aber Feldmäuse, Wühlmäuse und Langschwanzmäuse, aber auch Käfer, Heuschrecken, kleine Reptilien, Amphibien und Vögel.
Brut: Steinkäuze sind Höhlenbrüter, die in Baumhöhlen, Schlupfwinkeln in alten Gebäuden und Erdlöchern von Kaninchen oder Zieseln nisten. Das Weibchen säubert den Nistplatz. Eiablage April bis Juli, Gelege 3–5 Eier, Brutdauer 22–28 Tage, Nestlingszeit 34 Tage. Das Weibchen brütet erst ab dem vorletzten Ei, die Eier werden in zweitägigem Abstand gelegt. Das Männchen versorgt das brütende Weibchen mit Nahrung. Die Jungvögel werden noch einige Zeit nach dem Ausfliegen von beiden Elternteilen mit Nahrung versorgt. Steinkäuze leben in Dauerehe.
Verhalten: Der Steinkauz ist nacht- und tagaktiv, wobei die Hauptaktivität in die späten Dämmerungsstunden fällt. Tagsüber sitzt er im Tageseinstand, aber auch auf exponierten Stellen wie Telegrafendrähte, Pfählen und Heuhaufen. Die Beute wird entweder in kurzem Anflug von einer Warte oder in niedrigem Suchflug ergriffen. Sehr häufig sucht der Steinkauz zu Fuß den Boden nach Insekten und Würmern ab. Beuteüberschuß wird deponiert.
Der Steinkauz ist Standvogel.

Ohreulen und Käuze (Strigidae)

Waldkauz vor dem Eingang zur Nisthöhle

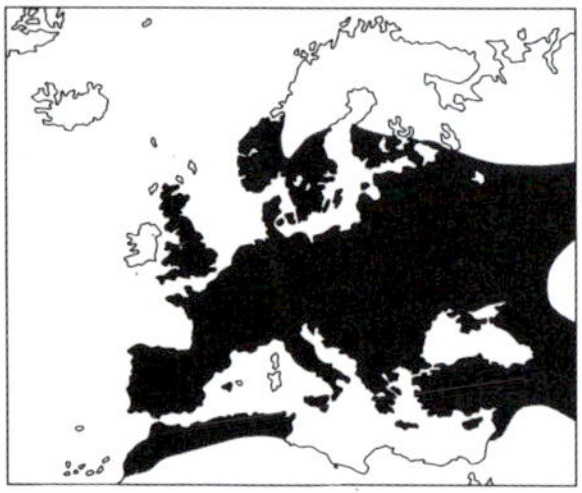

Waldkauz

Strix aluco

Kennzeichen: Häufigste Eulenart Mitteleuropas. Mittelgroße, kurzschwänzige und kurzflügelige Eule mit großem, rundem Kopf ohne Federohren. Gefiedergrundfarbe rostbraun bis grau, dunkel längsgefleckt; Flügel und Schwanz quergebändert, auf dem Flügel zwei Reihen weißer Tropfenflecken. Schnabel gelblich, Füße grau, Krallen an der Basis hell, an den Spitzen schwarzgrau, Iris braunschwarz. Beide Geschlechter gleich gefärbt, Weibchen etwas schwerer. Jungvögel verwaschen quergebändert. 38 cm, 450–550 g.

Flug: Fliegt mit tiefausholenden Flügelschlägen, gleitet vor der Landung und unmittelbar vor dem Beutestoß. Rüttelt auch.

Verbreitung: Westeuropa bis Westsibirien, Nordwestafrika.

Lebensraum: Lichte Laub- und Mischwälder, Parkanlagen, sogar Gärten mitten in Großstädten.

Stimme: Warnruf hart „uett“, im Herbst (vor allem Jungvögel) durchdringend „kuwitt“, zu Beginn der Brutzeit und im Herbst weicher, tremolierender Reviergesang „guuoh, gu gurruuh“, Stimmfühlungslaut „üi“.

Nahrung: Vorwiegend

Ohreulen und Käuze (Strigidae)

Waldkauz mit Jungen

Mäuse und andere kleine Nagetiere, aber auch Vögel, Frösche, Insekten und Regenwürmer.
Brut: Höhlenbrüter, der vor allem geräumige Baumhöhlen, Höhlungen in Gebäuden oder Felshöhlen aufsucht, aber auch in alten Greifvogel- oder Krähennestern oder in Bodenhöhlen nistet. Das Weibchen scharrt eine Mulde und zerknabbert Gewölle als Eiunterlage. Eiablage je nach Lebensraum Februar bis Juni, Gelege 3–5 Eier, Brutdauer 28–30 Tage, Nestlingszeit 29–35 Tage. Das Weibchen brütet allein ab dem ersten Ei. Die Jungen sind mit etwa 3 Monaten selbständig. Sie verlassen im Herbst das elterliche Revier und suchen sich in der Nähe ein eigenes. Die Paare sind reviertreu und leben in Dauerehe.
Verhalten: Waldkäuze sind dämmerungs- und nachtaktiv, nur wenn sie Junge haben, gehen sie schon vor Sonnenuntergang auf die Jagd, die sie oft bis Sonnenaufgang ausdehnen. Am Tag sonnen sie sich oft vor ihrer Schlaf- oder Bruthöhle. Der Waldkauz lauert gewöhnlich von einer Warte aus auf seine Beute, die er vorwiegend akustisch lokalisiert. Er jagt jedoch auch aus dem Suchflug heraus oder schlägt aus dem Schlafplatz aufgeschreckte Vögel im Flug. Waldkäuze sind aber auch Nesträuber, die vor allem die Baumhöhlen anderer Vögel plündern. Beuteüberschuß wird deponiert. Mit den Nahrungsvorräten werden Jungvögel auch am Tage gefüttert.
Waldkäuze sind sehr standorttreu.

Ohreulen und Käuze (Strigidae)

Der Habichtskauz ist mit dem Waldkauz nahe verwandt

Habichtskauz

Strix uralensis

Kennzeichen: Größer und langschwänziger als Waldkauz (→ Seite 136) mit großem, hellgrauem oder bräunlichem Gesichtsschleier, ausgesprochen rundköpfig. Gefieder hellgrau mit kräftiger, braunschwarzer Längsstreifung. Flügel und Schwanz kräftig quergebändert. Schnabel gelb, Krallen gelbbraun mit dunkelbrauner Spitze, Augen relativ klein, Iris schwarzbraun. Beide Geschlechter gleich gefärbt, Weibchen etwas schwerer als das Männchen.
61 cm, 700–900 g.

Flug: Flugbild mit relativ langem, keilförmig abgerundetem Schwanz, Flügel und Schwanz kräftig quergebändert.

Verbreitung: Von Nordskandinavien über Nordrußland und Sibirien bis Sachalin und Japan. In den Karpaten, Jugoslawien, Albanien und im östlichen Alpengebiet; in Deutschland und der Schweiz nur seltener Gast.

Lebensraum: Alte Laub-, Misch- und Nadelwälder mit zahlreichen Lichtungen, oft in Gewässernähe; in Sibirien auch in Parkanlagen.

Stimme: Ruft grell kläffend „wau-wau“, im Herbst kreischend „kroah“ oder „korah“, Männchen zur Brut-

Ohreulen und Käuze (Strigidae)

Habichtskauz beim Sonnenbad

zeit hohl und dumpf „huh huhu", Weibchen außerdem rauh „kräh" oder „kuwät".

Nahrung: Vor allem Wühlmäuse und Spitzmäuse, aber auch andere Kleinsäuger bis Eichhörnchengröße, ferner Vögel bis zur Größe von Rabenvögeln und Tauben, Amphibien und Insekten.

Brut: Brütet in großen alten Greifvogelhorsten, in Halbhöhlen und Höhlen, nimmt auch Nistkästen an. Eiablage März/April, Gelege 3–4 Eier, Brutdauer 28 Tage, Nestlingszeit 34–35 Tage. Das Weibchen brütet allein, vom ersten Ei ab. Es wird während der gesamten Brutdauer vom Männchen mit Nahrung versorgt und beginnt erst wieder selbst zu jagen, wenn die Jungen kurz vor dem Verlassen des Nestes stehen. Die jungen Habichtskäuze gehen noch flugunfähig aus dem Nest und sitzen dann auf benachbarten Zweigen. Häufig geraten sie dabei auf den Boden und sind dort stark gefährdet. Mit 6 Wochen sind die Jungen flügge. Sie werden jedoch noch einige Zeit von den Eltern mit Nahrung versorgt.

Verhalten: Der Habichtskauz ist dämmerungs- und nachtaktiv, nur zur Zeit der Jungenaufzucht jagt er auch tagsüber. Er jagt bevorzugt auf offenen Flächen und lauert seiner Beute meist von erhöhten Warten auf.

Habichtskäuze sind wenig scheu und dulden oft Annäherung durch den Menschen bis auf wenige Meter. Die Paare leben in Dauerehe, sind standorttreu und verlassen ihre Reviere in der Regel auch im Winter nicht.

Ohreulen und Käuze (Strigidae)

Bartkauz-Paar am Nest mit Jungem

Bartkauz

Strix nebulosa

Kennzeichen: Fast uhugroße (→ Seite 122) Eule mit ziemlich langem Schwanz und großem, rundem Kopf mit großem Gesichtsschleier mit feinen, konzentrischen Ringen, weißer Sichelzeichnung zwischen Schnabel und Auge und schwarzweißer Bartzeichnung am Kinn und ohne Federohren. Gefiedergrundfarbe weißlichgrau, Ober- und Unterseite dunkel bräunlichgrau längsgefleckt, oberseits zusätzlich fein dunkel gesprenkelt. Schwanz und Schwingen dunkel graubraun mit feiner weißer Querbänderung und Sprenkelung. Schnabel wachsgelb, Krallen dunkelbraun, Augen klein mit leuchtendgelber Iris. Beide Geschlechter gleich gefärbt, Weibchen jedoch größer und schwerer. Jungvögel dunkel graubraun, weißlich quergebändert.
68–70 cm, 850–1100 g.
Flug: Flugbild mit breiten Flügeln, langem Schwanz, kurzem, wuchtigem Körper und großem Kopf. Fliegt mit langsamen, weichen Flügelbewegungen.
Verbreitung: Nordskandinavien, Nordrußland, Sibirien, Sachalin, Nordamerika.
Lebensraum: Dichte Nadelwälder der Taiga und der

Ohreulen und Käuze (Strigidae)

Bartkauz im Tageseinstand

Junger Bartkauz

Bartkauz-Junge verlassen das Nest bereits nach 20 bis 30 Tagen. Flugfähig sind sie allerdings erst mit etwa 55 Tagen. Im Oktober verlassen die Jungen dann ganz das elterliche Revier.

Gebirge, die von Lichtungen, Mooren oder Kahlschlägen durchzogen sind.
Stimme: Bei Beunruhigung am Nest kreischende und quietschende Laute; Reviergesang des Männchens tiefe, dumpfe, 10- bis 12silbige „ho ho ho"-Rufe. Bettelruf der Jungen „ziep-ziep".
Nahrung: Vorwiegend Wühlmäuse, Lemminge oder Eichhörnchen, gelegentlich auch junge Schneehasen oder Vögel bis Schneehuhngröße.
Brut: Offenbrüter, der meist in verlassenen Nestern anderer Vögel (Greifvogelhorste), aber auch in ausgefaulten Baumstümpfen oder selbstgescharrten Bodenmulden seine Jungen aufzieht. Eiablage April/Mai, Gelege 3–6 Eier, Brutdauer 28–30 Tage, Nestlingszeit 20–30 Tage. Das Weibchen brütet ab dem ersten Ei. In Jahren mit geringem Nahrungsangebot fällt die Brut aus. In guten Wühlmausjahren ist die Siedlungsdichte der Bartkäuze sehr groß, die Nester liegen dann oft nur wenige hundert Meter voneinander entfernt. Die Jungen verlassen den Horst, bevor sie noch richtig fliegen können. Sie werden von beiden Eltern noch so lange mit Nahrung versorgt, bis sie selbständig sind.
Verhalten: Bartkäuze sind dämmerungs-, aber auch nacht- und tagaktiv. Sie jagen von niedrigen Warten aus in übersichtlichem Gelände. Die Beute wird sowohl akustisch als auch optisch geortet.
Bartkäuze sind in der Regel standorttreu; sie ziehen nur in schlechten Wühlmausjahren nach Süden.

Diese Turmfalken-Geschwister sind 40 Tage alt und noch völlig von den Eltern abhängig

Greifvögel und Eulen schützen

Die Zeiten, in denen man auf dem Lande geschossene Eulen mit ausgebreiteten Flügeln zur Abwehr von Blitz und Feuer ans Scheunentor nagelte, sind vorüber. Nach jahrhundertelanger Diskriminierung und Verfolgung hat sich die Erkenntnis durchgesetzt, daß Greifvögel und Eulen unseren Schutz ebenso brauchen wie die Singvögel. Für diesen Sinneswandel war es höchste Zeit. Uhu und Wanderfalke waren fast am Ende, als Mitte der 60er Jahre die ersten Schutzprogramme ins Leben gerufen wurden, die auch Erfolge zeigten. Alle Hilfsmaßnahmen aber wären gescheitert, wäre nicht der Vollschutz aller Greifvögel, wie ihn die Naturschützer seit langem forderten, endlich gesetzlich verankert worden. Die Verschonung der Greifvögel von der Jagd war der entscheidende Durchbruch, der andere Schutzmaßnahmen erst möglich machte.

Greifvögel: verfemt – verfolgt – vernichtet

Würde ich gefragt, welch ein Vogel ich unter keinen Umständen sein möchte, wäre die Antwort: „Kein Greifvogel in Südeuropa oder dem Nahen Osten und keiner, der über die Mittelmeerländer nach Afrika ziehen muß!" Was auf Malta, im Libanon und Syrien, der Straße von Messina und an der nordafrikanischen Küste mit wandernden Greifvögeln und anderen Gefiederten geschieht, gehört zu den abstoßendsten Auswüchsen menschlicher Tötungs- und Vernichtungswut. Beispiel Libanon: In Beirut schossen im März 1978 palästinensische Freischärler – weil sie gerade nichts anderes zu tun hatten – mit Raketen, Kalaschnikows und Maschinengewehren in Schwärme wandernder Weißstörche, die in der Thermik über der Stadt kreisten. Rund 500 der ahnungslosen Geschöpfe fielen zerfetzt vom Himmel. Das Storchen-Massaker über Beirut wiederholte sich zwei Jahre später. Und noch ein drittesmal, 1982, ließen Kriegshelden der gleichen Bevölkerungsgruppe ihre Aggressionen an den wehrlosen Segelfliegern aus. Weitere 800 Störche waren die Opfer. In diesem arabischen Land wird auch jede Ansammlung wandernder Greife, jeder in Schußweite vorüberfliegende Vogel unter Feuer genommen.
Das weitgehend leergeschossene Syrien bietet seinen „Jägern" nur noch zur Zugzeit der paläarktischen Wanderer lohnende Ziele. Was dort durchzieht, läßt sich am Angebot von Greifvogel-Präparaten, die in Geschäften und im Straßenhandel von Damaskus massenhaft verhökert werden, ablesen. Wespen- und Falkenbussarde, Wiesen- und Steppenweihen sind die Hauptopfer der syrischen Greifvogelmassaker. Die Zahl der getöteten Vögel allein dieser Arten wird zwischen 10 000 und 100 000 pro Zugperiode geschätzt. Zu manchen Zeiten ist die Anlieferung geschossener Greifvögel und Eulen durch die „Jägerschaft" so groß, daß die Präparatoren große Kühlcontainer mit den Leichen füllen, die dann nach und nach bis zur nächsten „Saison" aufgearbeitet werden.
Aber auch in unserer Heimat war, wie in ganz Europa, noch vor hundert Jahren das Leben eines Greifvogels oder einer Eule nicht mehr als ein Schuß Pulver wert. Da sie keinerlei Nutzen brachten, dafür aber umso offensichtlicher Schaden anrichteten, hat man alles, was „einen krummen Schnabel hat" über die Jahrhunderte erbarmungslos verfolgt, erschossen, vergiftet, in Fallen gefangen und ihre Kinderstuben liquidiert.
Raubzeugbekämpfung gehörte zu den streng überwachten Dienstobliegenheiten der Jagdaufseher. Um die Greifvogelbekämpfung attraktiv zu machen, zahlten nicht nur die Dienstherren, sondern später auch der Staat Prämien für den Abschuß oder Fang jedes „Krummschnabels". H.Makowski beschrieb dies so: „Für die schlecht besoldeten Jagdhüter war dies ein Anreiz, ihre Bezüge aus der Staatskasse ein wenig aufzubessern. Um die Prämien kassieren zu können, mußten die Fänge (die Füße der erlegten Vögel) in den Amtsstuben abgeliefert werden. Und weil es Beamte waren, die das Geld auszahlten, sind alle Vogelfüße auch fein säuberlich mit der ausgezahlten Summe verbucht worden. Nach den Kämmereibüchern läßt sich rekonstruieren, wie hoch der Abschuß gewesen ist. Zwischen 1705 und 1800 wurden im Königreich Hannover 624 000 Greifvögel getötet. Im Großherzog-

Zum Bild: Dieser Mäusebussard hat durch einen Unfall seinen ganzen Schwanz eingebüßt. Das wird ihn für viele Wochen bei der Jagd erheblich behindern.

Naturschutzgebiet

tum Mecklenburg-Schwerin wurden von 1842 bis 1853 allein in den herzoglichen Revieren 32 369 Greifvögel erlegt. Ein Wildhüter in Schleswig-Holstein bekam 1818 die damals sehr hohe Summe von 57 Reichsthalern ausgezahlt für eine Jahresstrecke von 55 Adlern, 360 Habichten und 110 Falken. Nicht nur in Deutschland ging es so zu. In Norwegen wurden von 1846 bis 1900 für 223 478 getötete Greifvögel Prämien gezahlt. In Österreich lag die Strecke nach einer Zusammenstellung des k.u.k. Ackerbauministeriums für 1885 bei 124 982 Greifen."
Überall in Europa ging es mit den Beständen der Greifvögel unaufhaltsam abwärts. Der Bartgeier, in den Alpen noch in der ersten Hälfte des 19.Jahrhunderts ein nicht seltener Brutvogel, verschwand in wenigen Jahrzehnten aus dem gesamten Alpenraum. Der letzte deutsche Bartgeier wurde 1855 bei Berchtesgaden erlegt. In der Schweiz brütete 1885 ein Paar im Bündner Oberland zum letzten Mal. Die österreichischen Bartgeier waren bis 1880 ausgerottet. Schauergeschichten über Kinderraub und Angriffe auf Menschen waren für den schnellen Niedergang der Art im Alpenraum mitverantwortlich. Die Nachstellungen durch Sammler für Museen haben dem Bartgeier dann den Rest gegeben.
1858 erlosch in Österreich der ohnehin kleine Bestand des Seeadlers in den Donauauen dadurch, daß das Weibchen des letzten Paares am Horst abgeschossen wurde. Ein erneuter Brutversuch der Art 1882 endete wiederum durch Abschuß des Weibchens. Seither gibt es in Österreich keine Seeadler als Brutvögel mehr.
Die schlimmsten Zeiten für die Greifvögel sind in Mitteleuropa vorüber. Überall wird mit großem Erfolg Wiedergutmachung praktiziert. So werden Bestände von Arten wieder aufgebaut, die frühere Generationen aus Gedankenlosigkeit und Habgier an den Rand der Vernichtung getrieben haben. Aber wir müssen auch weiterhin noch gewaltige Anstrengungen unternehmen, um die Sünden der Väter zu bereinigen.

Projekt Seeadlerschutz
Einst brütete der Seeadler in ganz Europa. Doch die gnadenlosen Verfolgungen durch den Menschen haben ihn in den meisten Ländern ausgerottet. In Großbritannien kam das Ende für die Art, als 1916 der Horst des letzten Brutpaares durch einen Eiersammler ausgeraubt wurde. Auch in Irland, Italien, Frankreich, auf Sardinien und Korsika ist der Seeadler kein Brutvogel mehr.
Im deutschsprachigen Raum war das Brutvorkommen dieses gewaltigen Greifvogels im wesentlichen auf die Mecklenburgische Seenplatte und Pommern konzentriert. Ende der Dreißiger Jahre schätzte man den Bestand in Mecklenburg und Pommern auf zusammen 38 Brutpaare. Das kleine Brutvorkommen in Schleswig-Holstein erschlosch schon 1876. Als 1927 ein zugewandertes Paar dort einen Neuanfang versuchte, wurde dieser Versuch durch den Abschuß des Weibchens gleich wieder zunichte gemacht.
In den Kriegs- und Nachkriegsjahren entwickelte sich der endlich geschützte Seeadlerbestand in Mecklenburg so positiv, daß die Art von dort Ausbreitungsversuche nach Westen unternahm, die schließlich 1946 zu einer festen Ansiedlung in Ostholstein führte. 1951 waren es vier, 1955 schon sieben und 1969 wieder sechs Paare. Danach pendelte sich die kleine Population auf einen zwischen vier und fünf Paaren wechselnden Bestand ein. Er repräsentierte die folgenden Jahre den Gesamtbestand des Seeadlers in Westdeutschland.
Die Freude der Naturschützer über die Wiederbesiedlung dieses jahrzehntelang verwaisten Gebiets wurde aber bald durch die Entdeckung getrübt, daß die Vögel ohne Nachwuchs blieben. Die Gelege verschwanden aus den Horsten – von skruppellosen Eiersammlern nächtlicherweise geraubt. Andere Störungen durch Holzeinschlag, Wanderer, Neugierige und Tierfotografen führten in einigen Fällen zur Aufgabe der Bruten.
Die einzige Maßnahme, die den Eierraub und die

Brütender Seeadler

Störungen verhindern konnte, war eine Bewachung der Horste während der gesamten Brutzeit. Von Anfang an hatten sich auch Falkner und Tiergärtner um die Zukunft des Seeadlers Gedanken gemacht. In zwei Wildparks bemühte man sich intensiv, die dort gehaltenen Seeadlerpaare zur Fortpflanzung zu bringen. Der erste Erfolg stellte sich 1975 ein, als in der Deutschen Greifenwarte Burg Guttenberg/Neckar ein Seeadlerpaar zwei Junge aufzog. Die beiden jungen Adler wurden im Alter von sieben Wochen und schon gut befiedert zur Auswilderung zur Verfügung gestellt. Zwei wilde Brutpaare, mit je einem eigenen Jungen in etwa gleichem Alter im Horst, wurden als Adoptiveltern ausgewählt. Jedes dieser beiden Paare erhielt nun zum eigenen Sprößling einen der Guttenberger Nestlinge zugesetzt – und beide Paare adoptierten den Fremdling ohne Zögern. Fünf Wochen später, Anfang Juli, flogen in beiden Horsten die Jungadler aus. Noch Mitte November konnten die Jungadler in den Revieren ihrer Adoptiveltern jagend beobachtet werden – die Aktion war ein voller Erfolg!

Zwischen 1975 und 1984 wurden auf diese Weise aus den Nachzuchten von Burg Guttenberg und dem Wildpark Eekholt zehn Jungadler in die freilebende Population eingegliedert. Die kleine Holsteiner Seeadlerpopulation hat sich in den letzten Jahren nicht nur stabilisiert,

Zum Bild: Nachkommen dieses Seeadler-Weibchens aus der Burg Guttenberger Zucht wuchsen in Horsten freilebender Brutpaare in Schleswig-Holstein auf.

sondern zeigt eine deutliche Aufwärtsentwicklung. 1989 zogen fünf der sechs Brutpaare zehn Jungadler auf, das beste Ergebnis seit Beginn der Bewachung 20 Jahre zuvor. Nach Jahren des Hoffens und Bangens war nun der Durchbruch gelungen. 1993 gab es in Schleswig-Holstein schon 12 Brutpaare, die insgesamt 15 Jungvögel aufzogen.
Auch in Ostdeutschland hat der Seeadlerbestand sich überaus positiv entwickelt: Von den etwas über 40 Brutpaaren Ende der Dreißiger Jahre war der Bestand bis 1989 auf 140 Paare und bis 1993 nochmals weiter, auf 174 Paare, angewachsen. Der Seeadler hat mittlerweile in Ostdeutschland die höchste Siedlungsdichte der Art in ganz Europa erreicht. Der Bevölkerungsdruck im Osten führt zur weiteren Ausbreitung nach Westen: 1992 brütete das erste Seeadlerpaar in Niedersachsen.

Bartgeier fliegen wieder in den Alpen

In den letzten Jahrzehnten des ausgehenden 19.Jahrhunderts verschwand der Bartgeier aus den Alpen. Sein Niedergang hatte sich seit 1800 angebahnt. In den bayerischen Alpen starben die letzten Bartgeier 1827 und 1855 bei Berchtesgaden als Opfer der Schießlust der Alpenjäger. Am längsten hatte sich die Art in den französisch-italienischen Westalpen gehalten, wo noch 1909 und 1913 je ein Bartgeier „zur Strecke" kam. Seitdem haben sich nur noch einzelne vagabundierende Bartgeier im Alpenraum blicken lassen. Als 1975 im Alpenzoo Innsbruck nach jahrelangen Bemühungen ein Bartgeierpaar erfolgreich brütete und einen Jungvogel aufzog, keimte bei Naturfreunden und Artenschützern die Hoffnung, daß man mit Jungvögeln aus Zoo-Nachzuchten die alte Idee zur Wiedereinbürgerung des Bartgeiers endlich verwirklichen könne. Dazu mußten aber noch andere Zoos und Tierparks zur Mitarbeit gewonnen werden. Vom WWF Österreich und der Frankfurter Zoologischen Gesellschaft finanziell unterstützt wurde 1978 das „Programm zur Wiedereinbürgerung des Bartgeiers" ins Leben gerufen. Planung, Organisation und Durchführung des Projekts wurde Hans Frey in Wien übertragen. Fast alle Zoos und Tierparks, die Bartgeierpaare hielten, erklärten sich bereit, bei erfolgreicher Zucht die anfallenden Jungvögel zur Auswilderung zur Verfügung zu stellen. Alle Beteiligten waren sich auch einig, daß für das Vorhaben ausschließlich Nachzuchten von Gehegevögeln genommen werden sollten.
Ein Bartgeiergelege besteht fast immer aus zwei Eiern. Aber wie bei den großen Adlern, wird stets nur ein Jungvogel groß. Das zweitgeschlüpfte Küken, um 5-7 Tage jünger, wird ausnahmslos vom erstgeschlüpften schon in den ersten Tagen getötet. Um das zweite Küken zu retten und damit auch den Fortpflanzungserfolg des Elternpaares zu verdoppeln, hat man im Alpenzoo aus jedem Gelege das zweite Ei entfernt, künstlich erbrütet und das Küken von Hand aufgezogen. Nimmt man das erste Gelege zu Beginn der Bebrütung ganz fort, dann produziert das Weibchen ein Nachgelege – abermals mit zwei Eiern. Durch diese Methode läßt sich die natürliche Reproduktionsrate eines Bartgeierpaares vervielfachen. Sie hat wesentlich zum Erfolg des Projektes beigetragen.
Im Jahr 1986 standen erstmals mehrere gezüchtete Jungvögel für die Wiedereinbürgerung zur Verfügung. Am 25.Mai wurden drei Bartgeier-Nestlinge, zwei aus dem Alpenzoo Innsbruck, einer aus dem Tierpark Wassenaar (Holland) und Anfang Juli noch ein Nachzügler aus dem Wildpark Grünau, im Rauristal (Hohe Tauern) ausgesetzt. Die Jungvögel waren drei Monate alt und nahmen die vorgelegte Nahrung selbständig auf. Eine Felsnische, die einem natürlichen Horstplatz des Bartgeiers entsprach, wurde ihr vorläufiges Heim. Von dort aus sollten die Nestlinge sich an die Umgebung gewöhnen und später ausfliegen. Futter wurde ihnen täglich zum Horstplatz gebracht. Die notwendige, ständige Überwachung erfolgte von einem weitentfernten Beobachtungsplatz aus. Entgegen aller Unkenrufe

Bartgeier fliegen wieder in den Alpen

Bartgeier nach einem Bad in rotem Wasser

Zum Bild: Kopf und Unterseite des Bartgeiers sind von Natur aus weiß. Die schöne rotbraune Farbe bekommt er erst nach einem Bad in eisenoxidhaltigem Wasser.

pessimistischer Besserwisser, die nicht wahrhaben wollten, daß aus Zoonachzuchten stammende Bartgeier sich in der gefahrvollen Freiheit zurechtfinden können, entwickelte sich das Vorhaben zu einem vollen Erfolg: Die Junggeier machten ihre ersten Flugversuche und verließen im Alter von 117-126 Tagen nacheinander den Horstplatz. Ihr Futter erhielten sie zunächst noch dort, später wurden Fleisch und zerhackte Knochen an exponierten Geländepunkten ausgelegt, von den Jungvögeln dort auch entdeckt und aufgenommen. Diese Nachkommen von Eltern, die jahrzehntelang im Gehege gelebt hatten, zeigten nun bald, daß ihnen alle wesentlichen Verhaltensweisen des Nahrungserwerbs ihrer Art angeboren sind und nicht von den Eltern erlernt werden müssen. Schon wenige Wochen nach dem Verlassen des Horstes führten die Jungvögel den für Bartgeier typischen Suchflug entlang der Felswände aus. Im Alter von sechs Monaten waren sie von der Fütterung durch den Menschen unabhängig und suchten selbständig nach Kadavern. Jetzt machten die Jungvögel – ohne jedes Vorbild – auch schon die ersten Versuche, große Knochen zum Zerkleinern aus der Luft auf Felsplatten abzuwerfen. Ab September unternahmen sie dann weite Erkundungsflüge, die sie oft hunderte von Kilometern über das ganze Alpengebiet führten. Ein Weibchen, der Nachzügler aus dem Wildpark Grünau, mußte im Januar mit vereistem Gefieder, aber unversehrt, wieder eingefangen werden, die anderen drei Junggeier aber überstanden den Winter ohne jede menschliche Hilfe. Sie ernährten sich von Fallwild, vor allem von den Opfern, die Lawinen alljährlich unter den Gemsen und dem Rotwild fordern.

1987 standen fünf junge Bartgeier für die Auswilderung zur Verfügung. Zwei von ihnen wurden wieder im Rauristal ausgesetzt, die anderen drei in Hoch Savoyen, einem Gebiet der französischen Alpen. Auch diese Jungvögel gewöhnten sich mühelos an das freie Leben.
In der Folge wurden alljährlich an jedem der beiden Standorte zwischen drei und fünf junge Bartgeier ausgesetzt.
Seit 1991 werden auch im Engadin, im Schweizer Nationalpark, junge Bartgeier eingebürgert.
Seit 1986 sind so an allen drei Standorten insgesamt 40 junge Bartgeier ausgesetzt worden, zwei von ihnen sind verschollen, zwei mußten wieder eingefangen werden. Nur drei Todesfälle waren zu verzeichnen: Ein Nestling erkrankte und starb noch im Horst, zwei Vögel verunglückten, einer flog in eine Überlandleitung, der andere kam in einer Lawine um.
Für 1993 sind Freilassungen an einem vierten und letzten Standort, dem Nationalpark Argentera/Mercantour im italienisch-französischen Grenzgebiet, vorgesehen.
Der Traum der Naturfreunde und Artenschützer ist Wirklichkeit geworden: Der Bartgeier fliegt wieder in den Alpen. Der großartige Erfolg kam durch eine sorgfältige Planung und eine perfekte Zusammenarbeit von Naturschutz und Tiergärtnerei zustande.

Greifvögel und Eulen schützen

Greifvogel- und Eulenschutz hat andere Dimensionen als die Hilfen, die der Gartenbesitzer den Singvögeln durch Aufhängen von Nisthöhlen, Anpflanzung von Hecken und Sträuchern und schließlich durch die Winterfütterung angedeihen lassen. Wer Greifvögeln und Eulen effektiv helfen will, kann nicht als Einzelkämpfer agieren. Er sollte sich einer der Arbeitsgruppen anschließen, wie sie sich in Natur- und Vogelschutzvereinen überall gebildet haben. Hier findet er Gleichgesinnte mit Erfahrungen und Beziehungen und kann sich sinnvoll einsetzen, denn schon wenn man eine Bruthöhle für den Rauhfußkauz im Wald aufhängen will, braucht man dazu die Genehmigung der Forstbehörde. Und der Bauer, in dessen Scheune ein Schleiereulenkasten installiert werden soll, muß auch vorher erst gefragt werden. Alle Maßnahmen zum Greifvogel- und Eulenschutz außerhalb des eigenen Geländes müssen rechtzeitig abgesprochen und mit anderen koordiniert werden. Wilder Aktionismus kann mehr schaden als nützen!

Nisthilfen für Falken

Alle Greife unseres Gebietes sind Offenbrüter, die ihre oft umfangreichen Horste selbst bauen und in der Regel keine Hilfe benötigen.
Anders ist das bei den Falken, die keine Horste bauen sondern in Felsnischen, Baumhöhlen oder unbenutzen Nestern anderer Vögel brüten.

- Baumfalke

Der Baumfalke zieht seinen Nachwuchs bevorzugt in unbenutzen Krähennestern auf. Hier kann es zu Engpässen kommen und deshalb hat man, vor allem im Berliner Raum, den Baumfalken Kunsthorste angeboten, die gerne angenommen werden. Diese Kunsthorste können einfache flache Weidenkörbe mit einem Durchmesser von 60-75 cm sein, die hoch in Bäumen in Stammnähe fest installiert werden. – Das Anbringen der Kunsthorste muß aber unbedingt mit der zuständigen Naturschutzbehörde abgesprochen werden!

- Turmfalke

Die zweite Falkenart, der Nisthilfen willkommen sind, ist der Turmfalke. Er brütet sowohl in alten Greifvogel- oder Krähennestern als auch in Baum- und Felshöhlen, in Mauerlöchern, alten Kirchtürmen und in Nischen an den Wänden hoher Gebäude. Ihm kann man mit einem einfachen Holzkasten mit den Maßen: Grundfläche 25x40 cm und Höhe 30 cm eine willkommene Nisthilfe anbieten. Diese Kästen können an Kirchtürmen, städtischen Hochbauten, aber auch an mehrstöckigen Wohnhäusern angebracht werden. Wichtig ist, daß die Nistkästen gegen Regen, aber auch gegen direkte Sonneneinstrahlung geschützt sind. Der Boden des Nistkastens muß, da Falken kein Nistmaterial eintragen, mit einer 3-5 cm dicken Schicht aus einem Torf/Hobelspänegemisch oder mit Fichtennadelstreu vom Waldboden ausgelegt werden, da die Eier auf dem harten Holzboden beschädigt würden.

Lüftungsloch (Ulenflucht) im Giebel einer Scheune aus der Lüneburger Heide

Nisthilfen für Eulen

Keine Eulenart baut ein Nest. Sie sind alle auf die Nester anderer Vogelarten oder auf Höhlungen in Bäumen oder Felsen angewiesen. Die am Boden brütenden Arten, wie Sumpfohr- und Schnee-Eule, vertrauen ihre Eier einer einfachen flachen Vertiefung im Erdboden an. Für sie gibt es keine Wohnungsprobleme.

Unter den Offenbrütern ist die Waldohreule auf alte Krähen- oder Elsternester angewiesen. Diese können in manchen Jahren knapp werden, da auch andere Vogelarten, besonders Baum- und Turmfalke, auf solche „Altbauten" reflektieren. Man kann der Waldohreule mit flachen Weidenkörben helfen, die mit etwas Reisig oder trockenen Thujawedeln ausgelegt und in 4-6 m Höhe auf einem Seitenast unmittelbar am Stamm einer Fichte festgezurrt werden. Diese Nisthilfen sind sehr begehrt und werden ohne Zögern angenommen. Bevor mit einer solchen Maßnahme jedoch begonnen wird, muß man sich auf jeden Fall mit der zuständigen Naturschutzbehörde und dem Waldbesitzer in Verbindung setzen!

Größer als bei Offenbrütern ist die Wohnungsnot bei den höhlenbrütenden Eulen. Hier sind besonders Schleiereule, Rauhfußkauz und Steinkauz betroffen.

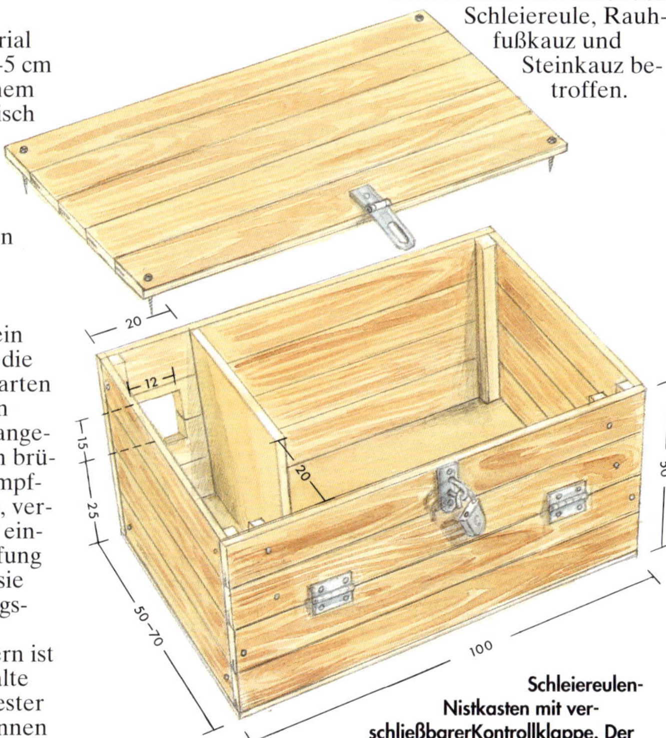

Schleiereulen-Nistkasten mit verschließbarerKontrollklappe. Der Nistkasten für Schleiereulen muß geräumig sein, da diese Eule kopfstarke Bruten aufzieht. Um dem ausgesprochenen Bedürfnis der Schleiereule nach Sicherheit und Dunkelheit ihrer Niststätte entgegenzukommen, wird der Innenraum des Kastens durch eine Trennwand unterteilt, die den Brutraum erst über eine schmale Eingangsschleuse zugänglich macht. Der Kasten wird im Inneren von Gebäuden mit Ausflug nach Norden oder Osten installiert.

Greifvögel und Eulen schützen

- Schleiereule

Hilfe für diese in unserer Heimat stark rückläufige Art ist dringend nötig. Wo es aktiven Vogelschützern gelingt, zu erreichen, daß in Kirchtürmen, alten Luftschutzbunkern und anderen Gebäuden, in denen die Schleiereule früher brütete, die zugemauerten oder vergitterten Lüftungslöcher wieder geöffnet werden, ist schon ein Anfang gemacht. Doch reichen diese Maßnahmen nicht aus, um den katastrophalen Bestandsrückgang der Art aufzufangen. Künstliche Niststätten müssen Abhilfe schaffen.

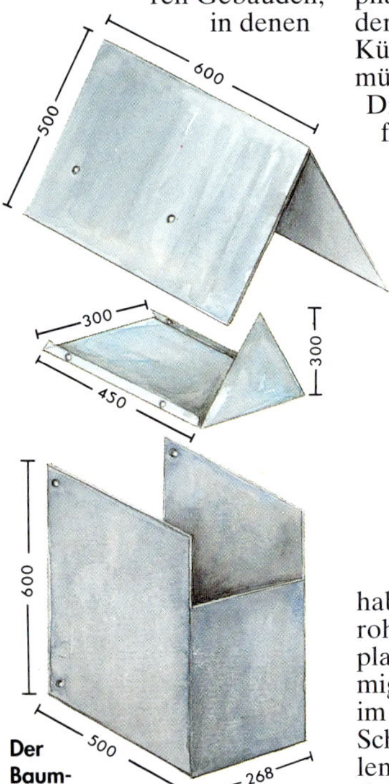

Der Baummarder kann durch das Einschlupfloch eines ungeschützten Rauhfußkauz-Nistkasten mühelos eindringen und tötet das brütende oder hudernde Weibchen und die Jungen. Um den Kasten mardersicher zu machen wird er mit einer Armierung aus weit überstehendem Blech oder Kunststoff versehen, die es dem Räuber unmöglich macht, sich an der Höhle festzuklammern. Das Giebelstück wird an den hochgebogenen Kanten mit dem Dach verschraubt. (Nach JOREK).

Die Schleiereule braucht für ihre meist sehr kopfstarke Brut viel Platz. Als Nistgelegenheiten

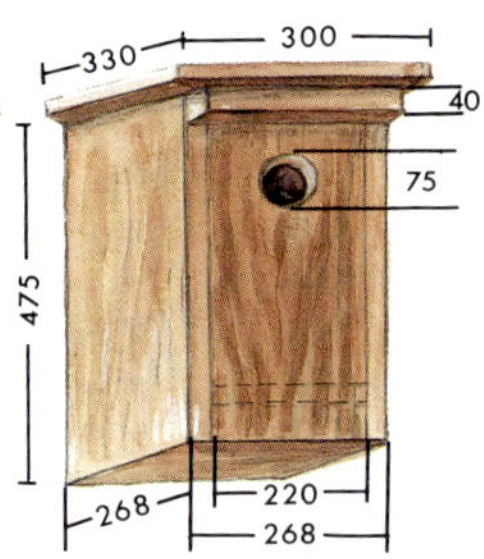

haben sich einfache, aus rohen Brettern oder Spanplatten gefertigte, geräumige Kästen bewährt, die im Innern von Scheunen, Schuppen oder Lagerhallen so angebracht werden, daß das Einflugloch innen an eine schon bestehende (oder zu schaffende) Öffnung in der Gebäudewand anschließt. Da die Schleiereule kein Nistmaterial einträgt, muß der Brutkasten als Grundausstattung eine 3-5 cm dicke Schicht aus kurzgeschnittenem Stroh oder groben Hobelspänen erhalten. Ist die Niststätten erst einmal von einem Brutpaar bezogen, kommen im Laufe der Zeit die Gewölle von Alt und Jung hinzu, die dann einen weichen Bodenbelag bilden.
Nach der Brutzeit darf der Nistkasten nicht gereinigt werden, da er dadurch an Attraktivität für die Eulen verliert.
Die Schleiereulenkästen bringt man in mindestens 6 m Höhe an. Das Flugloch muß nach Norden oder Osten, auf keinen Fall nach Süden (Gefahr der Überhitzung durch Sonneneinstrahlung) oder Westen (Wetterseite) ausgerichtet sein.
Vor dem Anbringen eines Schleiereulenkastens müssen ebenfalls die zuständige Naturschutzbehörde und der Grundstückseigentümer gefragt werden.

- Rauhfußkauz

Der Rauhfußkauz ist in seiner Fortpflanzung von Brutgelegenheiten in alten Schwarzspechthöhlen abhängig. Diese stehen aber nur noch selten zur Verfügung und werden zudem oft noch durch andere Höhleninteressenten, wie

Rauhfußkauz-Kasten mit Marderschutz

die Hohltaube, blockiert. Das Aufhängen von Nisthöhlen kann wirksame Abhilfe schaffen.
Als Nisthilfen für den Rauhfußkauz haben sich einfache Holzkästen bewährt (Grundfläche 22x30 cm, Höhe 30 cm, Fluglochdurchmesser 8 cm). Man hängt diese Kästen an Fichtenstämmen in 5-8 m Höhe auf.
Der Rauhfußkauz ist aber sowohl in Naturhöhlen als auch in den Nisthilfen besonders durch den Baummarder gefährdet, der sich durch das Flugloch unschwer Zugang verschaffen kann. Nistkästen können also zu regelrechten Todesfallen werden, wenn nicht durch spezielle Konstruktionen dem Marder der Zugang verwehrt wird. Ein weit vorstehendes Spitzdach aus glattem Blech oder Kunststoff und seitlich sowie vorne angebrachte Blechmanschetten (siehe Zeichnung) machen dem Räuber den Zugriff unmöglich und bieten einen absoluten Schutz.

- Steinkauz
Der Steinkauz hat seit den Fünfziger Jahren katastrophale Bestandseinbrüche zu erleiden gehabt. Alte Obstbäume, wie sie früher in breitem Gürtel die Dörfer umstanden, fielen – durch Prämienzahlungen der EG massiv gefördert – massenhaft der Axt zum Opfer. In den niedrigstämmigen Apfelplantagen aber findet der Steinkauz keine Nisthöhlen mehr. Auch hier kann man durch das Aufhängen künstlicher Niststätten Abhilfe schaffen.
Findige Vogelschützer haben spezielle, mardersichere Steinkauz-Niströhren entwickelt, die, sofern der Kauz überhaupt noch im Gebiet ansässig war, gerne angenommen wurden. F.Robiller verwendet neuerdings Holznistkästen im Querformat (40 x 30 x 30 cm) mit einem Schlupfloch-Durchmesser von 7,5 cm. Als wirksamer Schutz gegen Marder hat sich hier eine mit Buttersäure gefüllte, nach oben gestellte Einwegspritze innen nebem dem Einschlupfloch bewährt.

Zeit der Not

In strengen Wintern kommen bei lange liegender, hoher Schneedecke all diejenigen Greifvögel und Eulen in Not, die sich von Mäusen ernähren, zum Beispiel Mäuse- und Rauhfußbussard, Turmfalke, Schleiereule, Waldohreule und Steinkauz. Ihre Beutetiere sind unter der Schneedecke verborgen und unerreichbar. Die Vogeljäger wie Habicht und Sperber leiden dagegen auch in strengen Wintern in der Regel keine Not.

Steinkauzröhre im Apfelbaum

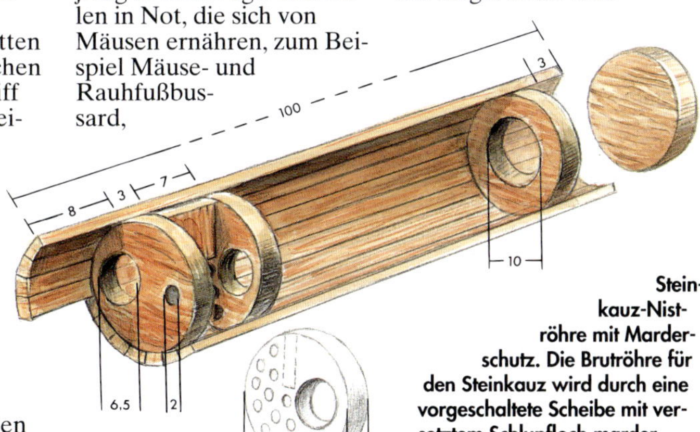

Steinkauz-Niströhre mit Marderschutz. Die Brutröhre für den Steinkauz wird durch eine vorgeschaltete Scheibe mit versetztem Schlupfloch mardersicher gemacht. Ohne diese Sicherung kann die Röhre zur Todesfalle für die Steinkauzfamilie werden, da Marder nach positiven Erfahrungen mit ungeschützten Röhren systematisch auf die Suche nach diesen Nisthilfen gehen. (Nach JOREK)

Arten- und Sachregister

Halbfett gesetzte Seitenzahlen verweisen auf Farbfotos.

Literatur

Baumgart, F. (1991): Gegenwärtiger Status und Gefährdungsgrad von Greifvögeln und Eulen in Syrien. Birds of Prey Bull.4, 119-131

Bezzel, E. (1985): Kompendium der Vögel Mitteleuropas. Nonpasseriformes – Nichtsingvögel. Aula-Verlag, Wiesbaden

Bezzel, E./ R.Prinzinger (1990): Ornithologie. 2.Aufl. Ulmer Verlag, Stuttgart

Blotzheim, G.v. (1971): Handbuch der Vögel Mitteleuropas. Bd.4, Akademische Verlagsgesellschaft, Frankfurt

Brüll, H. (1984): Das Leben europäischer Greifvögel. Gustav Fischer Verlag, Stuttgart-New York

Frey, H. (1978): Lebender Waldohreulennestling *(Asio otus)* in einem Uhuhorst. J.Orn. 119,4

Frey, H. (1992): Die Wiedereinbürgerung des Bartgeiers *(Gypaetus barbatus)* in den Alpen. Egretta 35/1

Jorek, N. (1980): Vogelschutzpraxis. Herbig-Verlag, München

Makowsky, H. (1987): Neuer Kurs für Noahs Arche. Wildtiere in Menschenhand. Kindler Verlag, München

Meyburg, B.-U. (1971): Versuche zur künstlichen Steigerung der Vermehrungsrate des Schreiadlers *(Aquila pomarina)*. Beitr.Vogelk. 17., 207-227

Robiller, F. (1987): Tiere der Nacht. Urania-Verlag, Leipzig-Jena-Berlin
Robitzky, U. (1989): 20 Jahre Seeadlerschutz in Schleswig-Holstein. Greifvögel und Falknerei. Neumann-Neudamm Verlag, Radebeul

Rüppell, G. (1981): Analyse des Beutefangs des Fischadlers *(Pandion haliaetus)*. J.Orn. 122, 285-305

Thiede, G., A.Zänkert (1931): Beobachtungen an Sperberhorsten. Ornith.Monatsber. 39, 5, 129-135

Uttendörfer, O. (1952): Neue Ergebnisse über die Ernährung der Greifvögel und Eulen. Ulmer Verlag, Stuttgart

Die Fotografen

Die Fotografen
Arndt/Umweltbild: Seite 62 li.; Arndt/Umweltbild/Schneider: Seite 127; Barbieri: Seite 36, 57, 79, 86, 87, 88, 89, 160 u.; Bethge: Seite 90, 96 li.; Böning: Seite 44/45; Brandl: Seite 135 li.; Brosette: Seite 16/17; Cramm: Seite 53, 101 re.; Danegger: Klappe vorn (Schleiereule), Seite 13, 68, 78, 116/117, 124, Klappe hinten (Mäusebussard), U 4 (Schleiereule, Turmfalke); Danko: Seite 56, 59 re., 76, 131 re.; Delpho: Seite 113; Diedrich: Klappe vorn (Sperber), Seite 65 li., 145; Fürst/Stahl: Seite 65 re., 111 u.; Groß: Seite 111 o.; Halley: Seite 101 li.; Halling: Titelbild, Seite 50; Harvancik: Seite 10, 64, 74, 80; Hautala: Seite 14, 30, 70 re., 121, 123, 140; Helo: Seite 4/5, 94 li., 132, 141 li., 141 re.; Hofmann, Th.: Seite 128; Hopf: Seite 22 li., 22 re., 23, 28 o., 28 u., 29 li., 29 re., 34 li., 34 re., 35, 98/99; Hortig: Seite 25; Kankel: Seite 103, 110, 147; Klapp: Seite 94 re.; Layer: Klappe vorn (Steinkauz, Rauhfußkauz), Seite 130, 139; Leionen: Seite 77, 107 re.; Lenz: Seite 125 li., Klappe hinten (Fischadler); Limbrunner: Klappe vorn Schreiadler, Wanderfalke), Seite 2/3, 26/27, 37, 41, 52, 59 li., 63 li., 63 re., 67 li., 67 re.o., 71 li., 71 re., 73 li., 73 re., 81, 83 re., 91 li., 105, 108, 109 li., 114 re.u., Klappe hinten (Turmfalke); Lodzig: Seite 31, 40, 55, 69, Klappe hinten (Rotmilan, Rötelfalke); Neumann-Denzau: Klappe vorn (Schmutzgeier); Nigge: Klappe vorn (Rotfußfalke), Seite 85; Nill: Seite 6, 48/49, 66, 133; Olsson: Seite 75; Pforr: Seite 114 re.o.; Pölking: Seite 51; Pum: Seite 20, 61, 114 li., 135 re.; Quedens: Seite 32/33, 126, Klappe hinten (Sumpfohreule); Reinhard: Seite 54; Robbrecht: Seite 106; Roth-Callis: Seite 149; Sauer, F.: Seite 95; Save/Nill: Seite 104; Save/Wothe: Seite 109 re.; Schendel: Seite 119 re.; Scherzinger: Seite 119 li.; Schmidt, R.: Seite 72; Schrempp: Seite 15; Siegel: Seite 122, 136, 138; Silvestris: Klappe vorn (Würgfalke); Silvestris/Brossette: Klappe hinten (Kornweihe); Silvestris/Hosking: Seite 58 li., 82; Silvestris/Lane: Seite 62 re., 92; Silvestris/Marquez: Seite 84; Silvestris/Moosrainer: Seite 83 li.; Silvestris/Nill: Seite 125 re.; Söllner: Seite 137; Thielscher: Klappe vorn (Waldohreule), Seite 8/9, 67 re.u., 142/143; Weber, K.: Seite 118, 134; Wendl: Seite 60, 107 li., 120; Wernicke, P.: Seite 39; Wisniewski: Seite 131 li.; Wothe: Seite 11, 19, 58 re., 91 re., 96 re., 112, 129 li., 129 re., 158/159; Zeininger: Seite 70 li., 93, 97, 100, 102, 115.

Der Autor:
Prof.Dr.Jürgen Nicolai, Lorenz-Schüler, ehem.Direktor des Instituts für Vogelforschung in Wilhelmshaven, Professor für Zoologie an der Universität Hamburg. Autor erfolgreicher Vogelbücher und Naturführer, Autor des GU-Naturführers „Singvögel“.

Impressum

Die Deutsche Bibliothek-CIP-Einheitsaufnahme
Greifvögel und Eulen:
Bestimmen, Kennenlernen, Schützen; Greifvögel, Eulen und Käuze Europas; Bestimmen mit GU Kennfarben-Code und mit Flugbildern/Jürgen Nicolai.-
1.Aufl. - München: Gräfe und Unzer, 1993
ISBN 3-7742-1858-7
NE: Nicolai, Jürgen

1.Auflage 1993

Redaktionsleitung:
Hans Scherz
Stellvertretende Redaktionsleitung: Renate Weinberger
Redaktion: Sonnhild Bischoff
Herstellung: Verena Römer
Layout: Heide Blut
Umschlaggestaltung:
Heinz Kraxenberger
Zeichnungen: György Jankovics (Silhouetten),
Hermann Kacher (Flugbilder, Portraits), Gertrud Thomas (Farbzeichnungen)
Satz: L☆O☆W, München
Repro: Penta Repro
Druck und Bindung:
Kaufmann

ISBN 3-7742-1858-7

Foto Seite 158/159: Junge Sperbereulen

Rotmilan: Auch bei starker Spreizung ist die Gabelung des Schwanzes noch sichtbar

Seeadler: Unter dem Gewicht des schweren Körpers biegen sich die Handschwingen durch